电子电路设计、仿真与制作

常用驱动电路设计及应用

（第2版）

周润景　乌日图　编著

U0218022

電子工業出版社.

Publishing House of Electronics Industry

北京·BEIJING

内 容 简 介

本书介绍了 29 个典型的驱动电路设计案例。每个案例项目都对整个电路主要模块进行了详细介绍，使读者可以清晰地了解各个模块的具体功能，并实现整个电路的仿真设计。这些案例均来源于作者多年的实际科研项目，因此具有很强的实用性。通过对本书的学习和实践，读者可以很快掌握常用驱动电路设计的基础知识及应用方法。为便于读者阅读、学习，特提供本书范例下载资源，请访问华信教育资源网（http://www.hxedu.com.cn）下载。

本书适合电子电路设计爱好者自学使用，也可作为高等学校相关专业课程设计、毕业设计及电子设计竞赛的指导书。

图书在版编目（CIP）数据

常用驱动电路设计及应用 / 周润景，乌日图编著 . —2 版 . —北京：电子工业出版社，2021.7
（电子电路设计、仿真与制作）
ISBN 978-7-121-41550-0

Ⅰ. ①常… Ⅱ. ①周… ②乌… Ⅲ. ①电力传动-电路设计 Ⅳ. ①TM921

中国版本图书馆 CIP 数据核字（2021）第 138457 号

责任编辑：张　剑
印　　刷：北京虎彩文化传播有限公司
装　　订：北京虎彩文化传播有限公司
出版发行：电子工业出版社
　　　　　北京市海淀区万寿路 173 信箱　邮编 100036
开　　本：787×1092　1/16　印张：15.75　字数：403.2 千字
版　　次：2017 年 8 月第 1 版
　　　　　2021 年 7 月第 2 版
印　　次：2024 年 11 月第 9 次印刷
定　　价：78.00 元

凡所购买电子工业出版社图书有缺损问题，请向购买书店调换。若书店售缺，请与本社发行部联系，联系及邮购电话：(010)88254888，88258888。

质量投诉请发邮件至 zlts@phei.com.cn，盗版侵权举报请发邮件至 dbqq@phei.com.cn。

本书咨询联系方式：zhang@phei.com.cn。

前　　言

驱动电路是一个电路系统的重要组成部分。驱动电路可以使电路系统中某些元器件能正常且稳定地工作。本书阐述了 MOS 管、IGBT、电动机等常用元器件的驱动方法，使读者能够了解基本驱动电路的实现方法，以及不同元器件的不同驱动方法，扩展读者的视野。本书通过 Proteus 软件平台对电路系统进行仿真，以验证电路系统工作的正确性，提高电路系统开发效率，降低电路系统开发成本，使读者能够深入理解电路的工作原理。

本书项目 1 介绍了红绿双色 LED 点阵模块驱动电路系统设计；项目 2 介绍了荧光灯驱动电路系统设计；项目 3 介绍了液晶显示器驱动电路系统设计；项目 4 介绍了数码管驱动电路系统设计；项目 5 介绍了 MOS 管驱动电路系统设计；项目 6 介绍了蜂鸣器驱动电路系统设计；项目 7 介绍了继电器驱动电路系统设计；项目 8 介绍了扬声器驱动电路系统设计；项目 9 介绍了霓虹灯驱动电路系统设计；项目 10 介绍了基于 L298N 芯片的直流电动机驱动电路系统设计；项目 11 介绍了脉冲变压器驱动电路系统设计；项目 12 介绍了 H 桥电动机驱动电路系统设计；项目 13 介绍了脉冲宽度调制电动机驱动电路系统设计；项目 14 介绍了步进电动机驱动电路系统设计；项目 15 介绍了有刷直流电动机驱动电路系统设计；项目 16 介绍了 IGBT 驱动电路系统设计；项目 17 介绍了双极性三极管对管驱动电路系统设计；项目 18 介绍了电磁阀驱动电路系统设计；项目 19 介绍了晶闸管驱动电路系统设计；项目 20 介绍了无刷直流电动机驱动电路系统设计；项目 21 介绍了智能小车驱动电路系统设计；项目 22 介绍了基于 DRV8871 芯片的直流电动机驱动电路系统设计；项目 23 介绍了基于 L297 芯片和 L298 芯片组合的步进电动机驱动电路系统设计；项目 24 介绍了基于 TB6612FNG 芯片的双直流电动机驱动电路系统设计；项目 25 介绍了基于 ULN2003A 芯片的步进电动机驱动电路系统设计；项目 26 介绍了基于 DRV8816 芯片的直流电动机驱动电路系统设计；项目 27 介绍了显示直流电动机转速的数码管驱动电路系统设计；项目 28 介绍了基于单片机的 H 桥电动机驱动电路系统设计；项目 29 介绍了舵机驱动电路系统设计。本书的内容来自笔者的科研与实践，且有关内容的讲解并没有过多的理论推导，而代之以实用的电路设计。因此，实用是本书的一大特点。

本书力求做到精选内容、推陈出新；讲清基本概念、基本电路的工作原理和基本分析方法。本书语言生动精炼、内容详尽，并且包含了大量可供参考的实例。因为本书电路图为仿真软件自动生成，所以未对其做标准化处理。

本书由周润景、乌日图编著。其中，乌日图编写了项目 20~22，周润景负责其余项目的编写。另外，参与本书编写的还有张红敏和周敬。

由于笔者水平有限，书中可能存在一些错误、遗漏和不妥之处，敬请各位读者批评指正。

编著者

目　　录

项目 1　红绿双色 LED 点阵模块驱动电路系统设计

 设计任务

设计一个简单的红绿双色 LED 点阵模块驱动电路，控制红绿双色 LED 点阵模块来循环显示相同的图形。

 基本要求

将单片机 I/O 接口与 74HC595 芯片结合来驱动红绿双色 LED 点阵模块，循环显示相同的图形。

☺ 使用 5V 供电电压。

☺ 单片机 I/O 接口与 74HC595 芯片共同实现数据锁存与发送数据的功能。

总体思路

首先为单片机设计一个最小系统，并设计一个串口（串行接口的简称）下载模块，能从单片机下载程序。由于给单片机供电需要的是 5V 电源，所以设计一个 5V 供电电路。给 74HC595 芯片供电也采用 5V 电源。由单片机和 3 个 74HC595 芯片共同构成红绿双色 LED 点阵模块驱动电路，驱动红绿双色 LED 点阵模块循环显示相同的图形。

系统组成

整个红绿双色 LED 点阵模块驱动电路系统主要分为以下 4 个模块。

☺ 电源模块。

☺ 串口下载模块：将在计算机上编写好的程序下载到单片机中。

☺ 单片机模块。

☺ 74HC595 芯片控制红绿双色 LED 点阵模块。

红绿双色 LED 点阵模块驱动电路系统框图如图 1-1 所示。

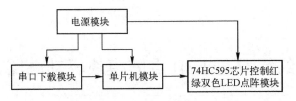

图 1-1　红绿双色 LED 点阵模块驱动电路系统框图

电路原理图（见图 1-2）

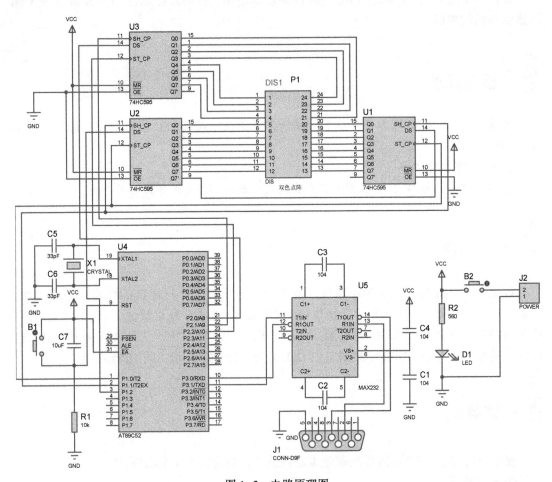

图 1-2　电路原理图

注：在图 1-2 中，"uF" 为软件生成，即为 "μF"；单位 "Ω" 均被省略，全书下同。

模块详解

1. 电源模块

由于要给整个系统供电，所以必须设计一个直流稳压电源。这里为了设计方便，直接通过一个两引脚排针，外接 5V 电源对整个系统进行供电，并通过 LED 指示电源是否供电正常，如图 1-3 所示。

在图 1-3 中，J2 外接 5V 电源和地，B2 是开关，D1 是 LED。当外接 5V 电源后，闭合开关 B2，如果 D1 亮了，就说明外接 5V 电源供电正常。

2. 串口下载模块

要把在计算机上编写好的程序下载到 PCB 上的单片机内，就必须设计串口下载模块。串口下载模块如图 1-4 所示。

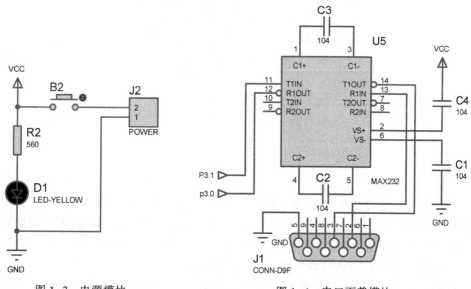

图 1-3　电源模块　　　　　　　图 1-4　串口下载模块

在图 1-4 中，串口采用的是 D9 串口母座，与 MAX232 芯片共同构成串口下载模块。其中，MAX232 芯片的 12 引脚和 11 引脚接 AT89C52 单片机的 P3.0 引脚和 P3.1 引脚，以便把程序下载到 AT89C52 单片机内。

AT89C52 单片机的引脚电平与 RS-232 标准的不一样，必须对 AT89C52 单片机的引脚电平进行电平转换后才能使 AT89C52 单片机与计算机进行通信。本设计采用 MAX232 芯片进行这个电平转换。

MAX232 芯片是具有 RS-232 标准串口的单电源电平转换芯片，使用正 5V 单电源供电。MAX232 芯片的主要特点如下。

☺ 符合 RS-232 标准。

☺ 只需正 5V 单电源供电。

☺ 片载电荷泵具有升压、电压极性反转能力，能够产生正、负 10V 电压。

☺ 功耗低，典型供电电流为 5mA。

☺ 内部集成两个 RS-232C 驱动器。

☺ 高集成度，片外只需 4 个电容即可工作。

☺ 内部集成 2 个 RS-232C 接收器。

3. 单片机模块

单片机模块采用 AT89C52 单片机，如图 1-5 所示。

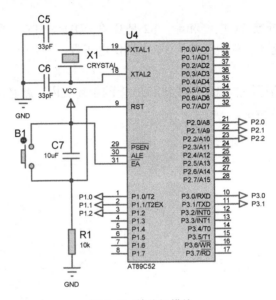

图 1-5　单片机模块

在图 1-5 中，电容 C7、电阻 R1 及开关 B1 构成复位电路；X1、C5、C6 构成时钟电路；AT89C52 单片机的 P1.0 ～ P1.2 引脚与 P2.0 ～ P2.2 引脚分别控制 3 个 74HC595 芯片的锁存、时钟与发送数据信号，从而控制红绿双色 LED 点阵模块的显示。

4. 74HC595 芯片控制的红绿双色 LED 点阵模块

74HC595 芯片控制的红绿双色 LED 点阵模块由 3 个 74HC595 芯片和一个 24 线 8×8 红绿双色 LED 点阵模块共同构成，如图 1-6 所示。

在图 1-6 中，3 个 74HC595 芯片，分别为 U1、U2、U3。红绿双色 LED 点阵模块内部结构示意图如图 1-7 所示，①～④、㉑～㉔是公共端，⑤～⑳是颜色控制端。在 U1、U2、U3 中，U3 控制红绿双色 LED 点阵模块的公共端，U1、U2 分别控制红绿双色 LED 点阵模块的颜色控制端。由于元件库里没有 24 线 8×8 红绿双色点阵模块，所以在仿真时用红色和绿色两种单色 LED 点阵模块代替。74HC595 芯片控制的红绿双色 LED 点阵模块仿真如图 1-8 所示。

74HC595 芯片的作用是将串行输入的数据信号转换为并行输出的数据信号，可以多级级联。其中，14 引脚为串行数据输入端，11 引脚为串行时钟输入端，12 引脚为锁存端。

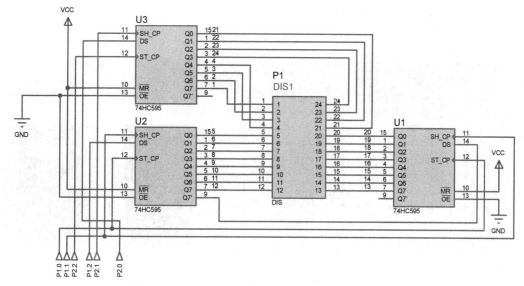

图 1-6　74HC595 芯片控制红绿双色 LED 点阵模块

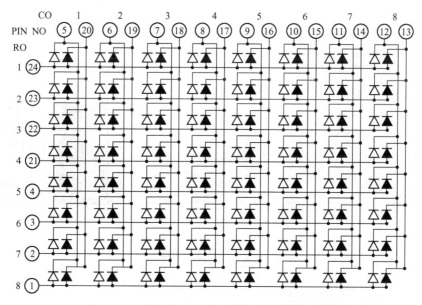

图 1-7　红绿双色 LED 点阵模块内部结构示意图

将数据写入 74HC595 芯片的工作过程：由 11 引脚输入时钟信号，为输入数据信号提供时间基准；跟随时钟信号由 14 引脚输入数据信号；控制 12 引脚，使串行输入的数据信号锁存到输入端并保持不变。74HC595 芯片和 AT89C52 单片机的连接方式：AT89C52 单片机的 P1.0 引脚连接 U2 和 U1 的 12 引脚，P1.1 引脚连接 U2 和 U1 的 11 引脚，P1.2 引脚连接 U2 的 14 引脚，U1 的 14 引脚连接 U2 的 9 引脚；P2.0 引脚连接 U3 的 14 引脚，P2.1 引脚连接 U3 的 11 引脚，P2.2 引脚连接 U3 的 12 引脚。

将程序下载到 AT89C52 单片机内，进行仿真，如图 1-9 和 1-10 所示。

注：♢代表绿色发光二极管；♦代表红色发光二极管。

在仿真时，可以看到红灯和绿灯循环亮。

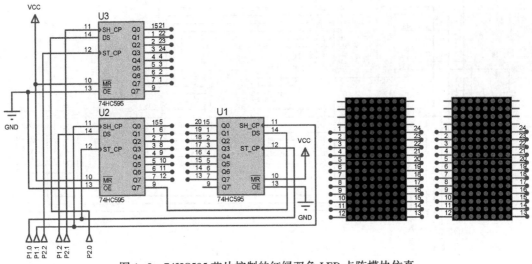

图 1-8　74HC595 芯片控制的红绿双色 LED 点阵模块仿真

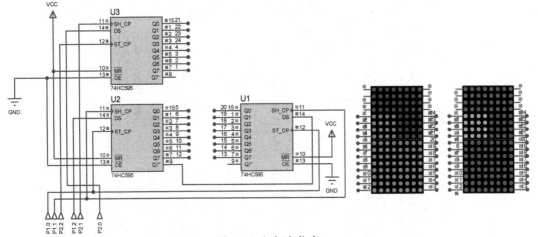

图 1-9　红灯亮仿真

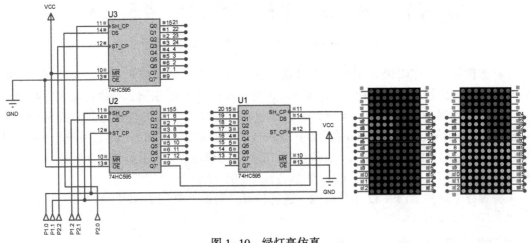

图 1-10　绿灯亮仿真

6

软件设计

根据系统设计要求，首先画出程序流程图，如图 1-11 所示。

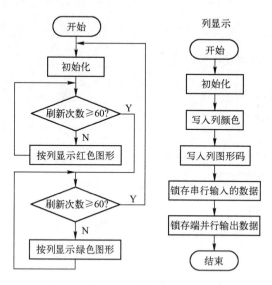

图 1-11　程序流程图

按照程序流程图，编写程序如下：

```c
#include<reg52.h>       //包含头文件
#include<intrins.h>
unsigned char    segout[8]={0x01,0x02,0x04,0x08,0x10,0x20,0x40,0x80};       //8列
unsigned char code tab[]={ 0x00,0x6C,0x92,0x82,0x44,0x28,0x11,0x00  };    //数据
//硬件端口定义
sbit LATCH=P1^0;
sbit SRCLK=P1^1;
sbit SER=P1^2;
sbit LATCH_B=P2^2;
sbit SRCLK_B=P2^1;
sbit SER_B=P2^0;
//μs 延时函数
void DelayUs2x(unsigned char t)
{
  while(--t);
}
//ms 延时函数
void DelayMs(unsigned char t)
{
```

```c
while(t--)
{
//大致延时 1ms
    DelayUs2x(245);
DelayUs2x(245);
}
}
//发送字节程序
void SendByte(unsigned char dat)
{
    unsigned char i;
    for(i=0;i<8;i++)
        {
        SRCLK=0;
        SER=dat&0x80;
        dat<<=1;
        SRCLK=1;
        }
}
//发送双字节程序
void Send2Byte(unsigned char dat1,unsigned char dat2)
{
    SendByte(dat1);
    SendByte(dat2);
}
//74HC595 芯片锁存程序
void Out595(void)
{
        LATCH=1;
        _nop_();
            LATCH=0;
}
//发送位码字节程序
void SendSeg(unsigned char dat)
{
unsigned char i;
    for(i=0;i<8;i++)                          //发送字节
        {
        SRCLK_B=0;
        SER_B=dat&0x80;
        dat<<=1;
        SRCLK_B=1;
        }
```

```
        LATCH_B=1;                                      //锁存
        _nop_();
        LATCH_B=0;
    }
    //主程序
    void main()
    {
    unsigned char i,j;
    while(1)
    {
            for(j=0;j<60;j++)
            for(i=0;i<8;i++)                            //8列显示
                {
                    SendSeg(segout[i]);
                Send2Byte(~tab[i],0xff);
                Out595();
                    DelayMs(1);
                Send2Byte(0xff,0xff);//delay(10);       //防止重影
                Out595();
                }
        //另外一种颜色
            for(j=0;j<60;j++)
            for(i=0;i<8;i++)                            //8列显示
                {
                    SendSeg(segout[7-i]);               //反向显示同样图形
                Send2Byte(0xff,~tab[i]);
                Out595();
                    DelayMs(1);
                Send2Byte(0xff,0xff);//delay(10);       //防止重影
                Out595();
                }
        }
    }
```

调试与仿真

　　将程序下载到 AT89C52 单片机内，对红绿双色 LED 点阵模块驱动电路系统进行仿真，如图 1-12 所示。从仿真的结果来看，该系统满足设计要求。

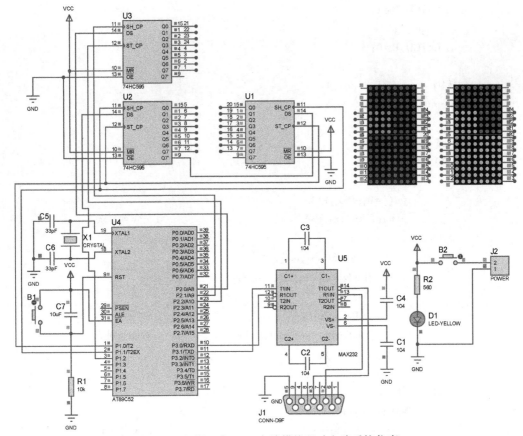

图 1-12　红绿双色 LED 点阵模块驱动电路系统仿真

 电路板布线图（见图 1-13）

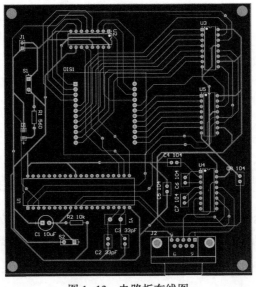

图 1-13　电路板布线图

实物照片（见图 1-14）

图 1-14　实物照片

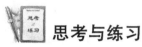 **思考与练习**

（1）74HC595 芯片的作用是什么？简述将数据写入 74HC595 芯片的工作过程。

答：74HC595 芯片的作用是将串行输入的数据信号转换为并行输出的数据信号。

将数据写入 74HC595 芯片的工作过程：由 11 引脚输入时钟信号，为输入数据信号提供时间基准；跟随时钟信号由 14 引脚输入数据信号；控制 12 引脚，使串行输入的数据信号锁存到输入端并保持不变。

（2）MAX232 芯片的作用是什么？

答：MAX232 芯片的作用是将计算机输出的 RS-232 电平信号转换成 AT89C52 单片机能接收的 TTL 电平信号。

（3）红绿双色 LED 点阵的构成及发光原理是什么？

答：红绿双色 LED 点阵模块由 64 个两种颜色的 LED 排列组成，且每个 LED 放置在行线和列线的交叉点上，列线接 LED 的负极，行线接 LED 的正极。当对应的某一行线为高电平、某一列线为低电平时，相应的 LED 亮。

 特别提醒

（1）在电路板焊接过程中，首先要检查 PCB 有无短路。

（2）在外接电源时，千万不要把电源正、负极接反。

项目 2　荧光灯驱动电路系统设计

 设计任务

设计一个简单的荧光灯驱动电路，利用 8 个发光二极管（LED）模拟荧光灯，通过单片机同时点亮 8 个 LED。

 基本要求

本设计要求采用 8 个 LED 模拟荧光灯，通过单片机同时点亮 8 个 LED，所以必须满足以下条件。

☺ LED 的工作电流在 3 ～ 20mA 之间；必须给 LED 加上正向电压才可以使其导通；要通过限流电阻防止烧毁 LED。

☺ 单片机使用 5V 供电电压。

☺ 单片机 I/O 接口输出低电平信号，并将该低电平信号加在 LED 的负极端。

 总体思路

荧光灯驱动电路是驱动荧光灯发光的电路。结合 LED 导通条件及单片机电路的工作特点，设计一个运用单片机驱动 8 个 LED 的电路。

系统组成

整个荧光灯驱动电路系统主要分为以下 4 个模块。

☺ 电源模块。

☺ 串口下载模块：将在计算机上编写好的程序下载到单片机中。

☺ 单片机模块：将单片机 I/O 接口输出的低电平提供给 LED 负端。

☺ LED 模块：利用 8 个 LED 来模拟荧光灯。

荧光灯驱动电路系统框图如图 2-1 所示。

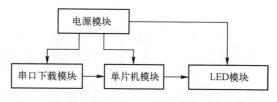

图 2-1　荧光灯驱动电路系统框图

电路原理图（见图 2-2）

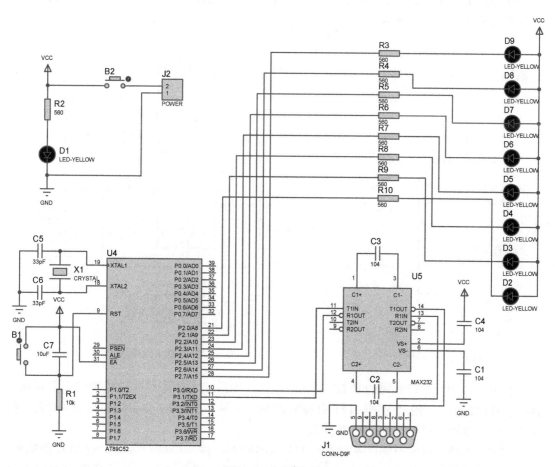

图 2-2　电路原理图

 **模块详解**

1. 电源模块

由于要给整个系统供电，所以必须设计一个直流稳压电源。这里为了设计方便，直接通过一个两引脚排针，外接5V电源对整个系统进行供电，并通过LED指示电源是否供电正常，如图2-3所示。

在图2-3中，J2外接5V电源和地，B2是开关，D1是LED。当电源模块外接5V电源后，闭合开关B2，如果D1亮了，就说明外接5V电源供电正常。

2. 串口下载模块

要把在计算机上编写好的程序下载到PCB上的单片机内，就必须设计串口下载模块。串口下载模块如图2-4所示。

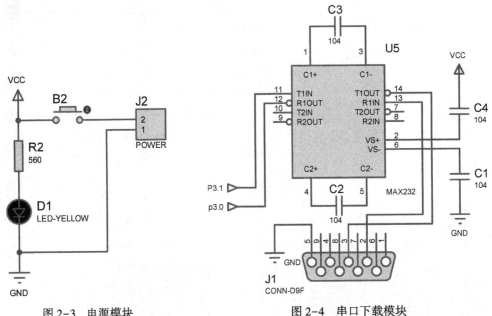

图2-3 电源模块 　　　　　　　　图2-4 串口下载模块

在图2-4中，串口采用的是D9串口母座，与MAX232芯片共同构成串口下载模块。其中，MAX232芯片的12引脚和11引脚接AT89C52单片机的P3.0引脚和P3.1引脚，这样程序就可以被下载到AT89C52单片机内。

AT89C52单片机的引脚电平与RS-232标准的不一样，必须对AT89C52单片机的引脚电平进行电平转换后才能使AT89C52单片机与计算机进行通信。本设计采用MAX232芯片进行这个电平转换。

MAX232芯片是具有RS-232标准串口的单电源电平转换芯片，使用正5V单电源供电。MAX232芯片主要特点如下。

☺ 符合RS-232标准。

☺ 只需正 5V 单电源供电。

☺ 片载电荷泵具有升压、电压极性反转能力，能够产生正、负 10V 电压。

☺ 功耗低，典型供电电流为 5mA。

☺ 内部集成两个 RS-232C 驱动器。

☺ 高集成度，片外只需 4 个电容即可工作。

☺ 内部集成 2 个 RS-232C 接收器。

3. 单片机模块

单片机模块采用 AT89C52 单片机，如图 2-5 所示。

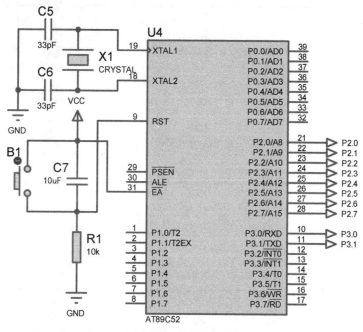

图 2-5 单片机模块

在图 2-5 中，电容 C7、电阻 R1 及开关 B1 构成复位电路；X1、C5、C6 构成时钟电路；AT89C52 单片机的 P2.0 ～ P2.7 引脚控制 8 个 LED。

4. LED 模块

本设计利用 8 个黄色 LED 模拟荧光灯。LED 的工作电压一般为 3 ～ 3.4V，工作电流一般为 10mA 左右。由于这里所采用的供电电压为 5V，所以在每个 LED 负端都接了 560Ω 电阻，起到限流的作用。LED 模块如图 2-6 所示。

在图 2-6 中，LED 的工作电压为 3.3V，工作电流为 10mA，即给 8 个 D2 ～ D9 负端都接了 560Ω 电阻后，再接到 AT89C52 单片机的 P2.0 ～ P2.7 引脚。LED 必须加上正向电压才能发光。由于 8 个 LED 的正端都接上了 5V 电压，所以当 AT89C52 单片机的 P2.0 ～ P2.7 引脚为高电平时，LED 不亮，而当 AT89C52 单片机的 P2.0 ～ P2.7 引脚为低电平时，LED 亮。对 LED 模块进行仿真，如图 2-7 所示。

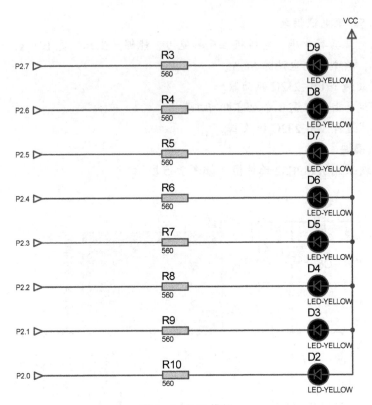

图 2-6 LED 模块

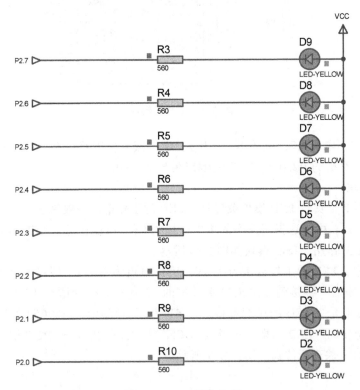

图 2-7 LED 模块仿真

软件设计

根据系统设计要求，首先画出程序流程图，如图 2-8 所示。

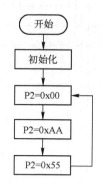

图 2-8　程序流程图

按照程序流程图，编写程序如下：

```
#include<reg52.h>          //包含头文件,一般情况无须改动
                           //头文件包含特殊功能寄存器的定义
void main (void)
{
P2=0x00;
while (1)                  //主循环
    {
    P2=0x00;               //主循环中添加其他需要一直工作的程序
    P2=0xAA;
    P2=0x55;
    }
}
```

调试与仿真

将程序下载到 AT89C52 单片机内，对荧光灯驱动电路系统进行仿真，如图 2-9 所示。从仿真的结果来看，该系统满足设计要求。

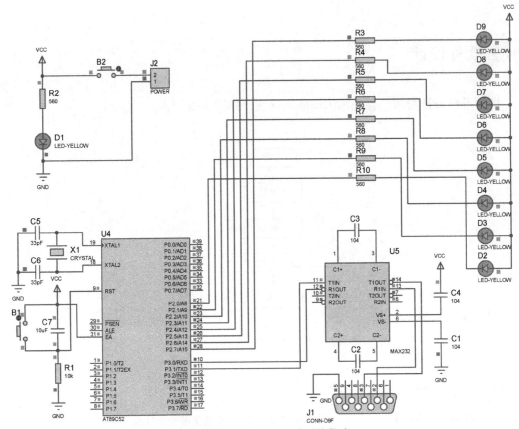

图 2-9　荧光灯驱动电路系统仿真

 电路板布线图（见图 2-10）

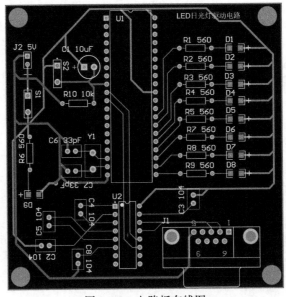

图 2-10　电路板布线图

实物照片（见图2-11）

图2-11 实物照片

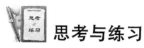 **思考与练习**

（1）LED的工作电流和工作电压一般为多少？当使用5V电源供电时，一般限流电阻为多大？

答：LED的工作电流一般为10mA左右，工作电压一般为3.3V。当使用5V电源供电时，为保险起见，为LED配置560Ω的限流电阻。

（2）简述单片机时钟电路的作用。

答：单片机内部是由触发器等构成的时序电路组成的。只有通过时钟电路，才能使单片机一步步地工作。在具体工作时，单片机外部接上振荡器（也可以使用内部振荡器）。该振荡器提供的高频脉冲信号被分频处理后成为单片机内部时钟信号，作为片内各部件协调工作的控制信号。如果没有时钟信号，触发器的状态就不能发生改变，单片机内部的所有电路在完成一个任务后也不能继续进行其他任何工作了。

（3）如何让LED模块中的LED发光？

答：每个LED的正端接5V电压，负端通过一个560Ω的限流电阻接到单片机的I/O接口。由LED工作原理可知，如果单片机I/O接口输出低电平，则LED发光。

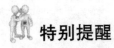 **特别提醒**

（1）当完成荧光灯驱动电路系统各模块设计后，必须对各模块进行适当连接，并考虑元器件之间的相互影响。

（2）当完成荧光灯驱动电路系统设计后，要对荧光灯驱动电路进行测试，看接线、供电是否正常。

项目 3　液晶显示器驱动电路系统设计

设计任务

设计一个简单的液晶显示器驱动电路，使液晶显示器第一行滚动显示"OK"，第二行滚动显示"www. IMUZDH. net"。

基本要求

本设计采用单片机的 I/O 接口来驱动液晶显示器，而液晶显示器采用 LCD1602 芯片。LCD1602 芯片的显示原理是利用液晶的物理特性，通过电压对显示区域进行控制。LCD1602 芯片带有 HD44780 控制器。对于内带字符发生器的 HD44780 控制器来说，显示字符比较简单。可以让 HD44780 控制器工作在文本方式，根据在液晶显示器开始显示的行、列号及每行的列数找出 RAM 对应的地址，设立光标，在此送上该字符对应的代码即可使其第一行滚动显示"OK"，第二行滚动显示"www. IMUZDH. net"。由于单片机的 P0 接口驱动能力较差，所以必须满足以下条件。

☺ 通过对单片机编程来控制 LCD1602 芯片显示字符。

☺ 使用 5V 供电电压。

☺ 单片机的 P0 接口必须接上拉电阻。

☺ 如果要使单片机正常工作，必须为其设计最小系统。

总体思路

为单片机设计一个最小系统，并设计一个串口下载模块，能从 PCB 上的单片机内下载程序。由于单片机需要 5V 供电电压，所以设计一个 5V 供电电路。利用单片机的 I/O 接口驱动 LCD1602 芯片。

系统组成

整个液晶显示器驱动电路系统主要分为以下 4 个模块。

☺ 电源模块。

☺ 串口下载模块：将在计算机上编写好的程序下载到单片机中。

☺ 单片机模块：利用单片机 I/O 接口驱动 LCD1602 芯片。

☺ 液晶显示模块。

液晶显示器驱动电路系统框图如图 3-1 所示。

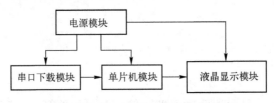

图 3-1　液晶显示器驱动电路系统框图

电路原理图（见图 3-2）

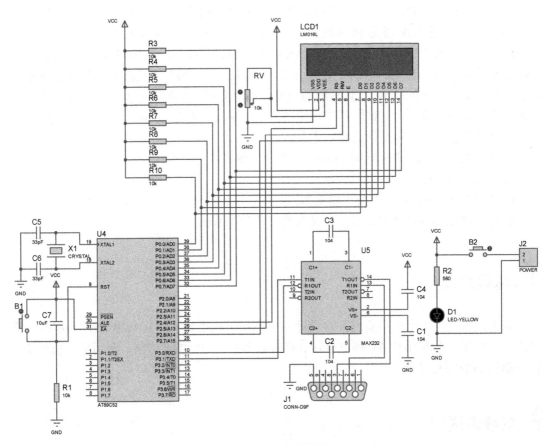

图 3-2　电路原理图

模块详解

1. 电源模块

由于要给整个系统供电，所以必须设计一个直流稳压电源。这里为了设计方便，直接通过用一个两引脚排针，外接 5V 电源对整个系统进行供电，并通过 LED 指示电源是否供电正常，如图 3-3 所示。

在图 3-3 中，J2 外接 5V 电源和地，B2 是开关，D1 是 LED。当外接 5V 电源后，闭合开关 B2，如果 D1 亮了，就说明外接 5V 电源供电正常。

2. 串口下载模块

由于程序都是在计算机上编写的，要把写好的程序下载到 PCB 上的单片机内，就必须设计串口下载模块。串口下载模块如图 3-4 所示。

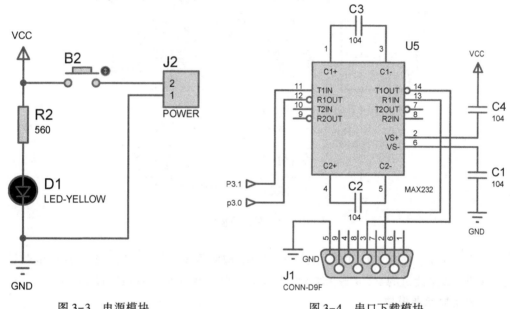

图 3-3 电源模块　　　　　　图 3-4 串口下载模块

在图 3-4 中，串口采用的是 D9 串口母座，与 MAX232 芯片共同构成串口下载模块。其中，MAX232 芯片的 12 引脚和 11 引脚接 AT89C52 单片机的 P3.0 引脚和 P3.1 引脚，以便把程序下载到 AT89C52 单片机内。

AT89C52 单片机的引脚电平与 RS-232 标准的不一样，必须对 AT89C52 单片机的引脚电平进行电平转换后才能使 AT89C52 单片机与计算机进行通信。本设计采用 MAX232 芯片进行这个电平转换。

MAX232 芯片是具有 RS-232 标准串口的单电源电平转换芯片，使用正 5V 单电源供电。MAX232 芯片的主要特点如下。

☺ 符合 RS-232 标准。

☺ 只需正 5V 单电源供电。

☺ 片载电荷泵具有升压、电压极性反转能力，能够产生正、负 10V 电压。

☺ 功耗低，典型供电电流为 5mA。

☺ 内部集成 2 个 RS-232C 驱动器。

☺ 高集成度，片外最低只需 4 个电容即可工作。

☺ 内部集成 2 个 RS-232C 接收器。

3. 单片机模块

单片机模块采用 AT89C52 单片机，如图 3-5 所示。

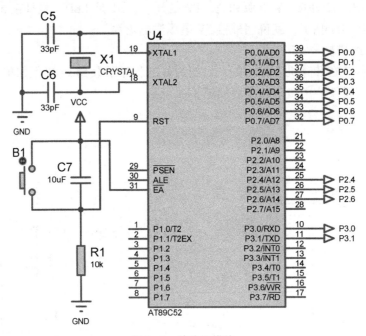

图 3-5　单片机模块

在图 3-5 中，电容 C7、电阻 R1 及开关 B1 构成复位电路；X1、C5、C6 构成时钟电路；AT89C52 单片机的 P2.4 ～ P2.6 引脚及 P0.0 ～ P0.7 引脚控制液晶显示器。

4. 液晶显示器模块

液晶显示器采用一个较为简单的 LCD1602 芯片来显示文字，并且能手动调节其亮度。由于 AT89C52 单片机的 P0.0 ～ P0.7 引脚是漏极输出的，必须接上拉电阻才能输出高电平，以具有基本 I/O 接口正常驱动能力。本设计给 P0.0 ～ P0.7 引脚接 10kΩ 的上拉电阻。液晶显示器模块如图 3-6 所示。

在图 3-6 中，LCD1602 芯片的 7 ～ 14 引脚接 AT89C52 单片机的 P0.0 ～ P0.7 引脚；LCD1602 芯片的 4 ～ 6 引脚与 AT89C52 单片机 P2.4 ～ P2.6 引脚相连接，以控制 LCD1602 芯片的显示；LCD1602 芯片的 3 引脚接滑动变阻器，以控制 LCD1602 芯片的亮度。首先使滑动变阻器的滑片处于 0% 位置，对液晶显示器模块进行仿真，如图 3-7（a）所示；再使滑动变阻器的滑片处于 100% 位置，对液晶显示器模块进行仿真，如图 3-7（b）所示。从图 3-7（a）和（b）可以看出，LCD1602 芯片的亮度有所变化。

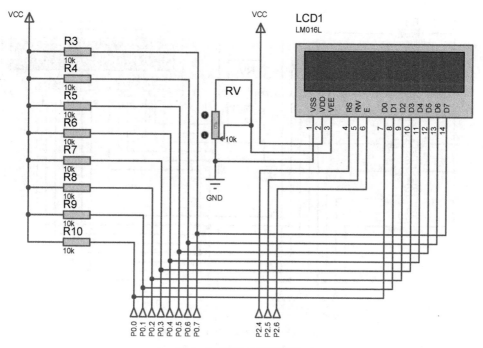

图 3-6 液晶显示器模块

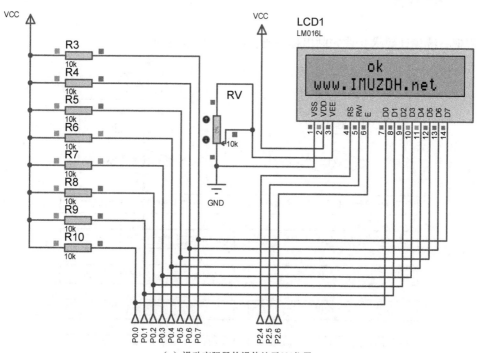

（a）滑动变阻器的滑片处于0%位置

图 3-7 液晶显示器模块仿真

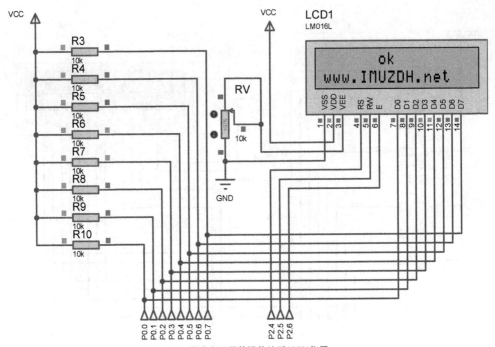

（b）滑动变阻器的滑片处于100%位置

图 3-7　液晶显示器模块仿真（续）

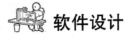 软件设计

根据系统设计要求，首先画出程序流程图，如图 3-8 所示。

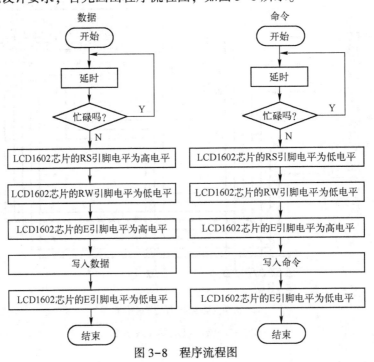

图 3-8　程序流程图

26

按照程序流程图，编写程序如下：

```c
#include<reg52. h>                    //包含头文件,一般情况无须改动
                                      //头文件包含特殊功能寄存器的定义
#include<intrins. h>
sbit RS=P2^4;                         //定义端口
sbit RW=P2^5;
sbit EN=P2^6;
#define RS_CLR RS=0
#define RS_SET RS=1
#define RW_CLR RW=0
#define RW_SET RW=1
#define EN_CLR EN=0
#define EN_SET EN=1
#define DataPort P0
//μs 延时函数
void DelayUs2x( unsigned char t)
{
    while( --t) ;
}
//ms 延时函数
void DelayMs( unsigned char t)
{
    while( t--)
    {
//大致延时 1ms
        DelayUs2x( 245) ;
    DelayUs2x( 245) ;
    }
}
//判忙函数
bit LCD_Check_Busy( void)
{
    DataPort=0xFF;
    RS_CLR;
    RW_SET;
    EN_CLR;
    _nop_( ) ;
    EN_SET;
    return( bit) ( DataPort & 0x80) ;
}
//写入命令函数
void LCD_Write_Com( unsigned char com)
```

```c
    {
//  while(LCD_Check_Busy());          //忙则等待
    DelayMs(5);
    RS_CLR;
    RW_CLR;
    EN_SET;
    DataPort=com;
    _nop_();
    EN_CLR;
    }
//写入数据函数
void LCD_Write_Data(unsigned char Data)
    {
    //while(LCD_Check_Busy());         //忙则等待
    DelayMs(5);
    RS_SET;
    RW_CLR;
    EN_SET;
    DataPort=Data;
    _nop_();
    EN_CLR;
    }
void LCD_Clear(void)                  //清屏函数
    {
    LCD_Write_Com(0x01);
    DelayMs(5);
    }
//写入字符串函数
void LCD_Write_String(unsigned char x,unsigned char y,unsigned char * s)
    {
    if(y==0)
        {
    LCD_Write_Com(0x80+x);           //表示第一行
        }
    else
        {
        LCD_Write_Com(0xC0+x);       //表示第二行
        }
    while( * s)
        {
    LCD_Write_Data( * s);
    s++;
        }
```

```
    }
//写入字符函数
void LCD_Write_Char( unsigned char x, unsigned char y, unsigned char Data)
    {
    if( y = = 0)
        {
        LCD_Write_Com( 0x80+x) ;
        }
    else
        {
        LCD_Write_Com( 0xC0+x) ;
        }
    LCD_Write_Data( Data) ;
    }
//初始化函数
void LCD_Init( void)
    {
        LCD_Write_Com( 0x38) ;              //显示模式设置
        DelayMs( 5) ;
        LCD_Write_Com( 0x38) ;
        DelayMs( 5) ;
        LCD_Write_Com( 0x38) ;
        DelayMs( 5) ;
        LCD_Write_Com( 0x38) ;
        LCD_Write_Com( 0x08) ;              //显示关闭
        LCD_Write_Com( 0x01) ;              //显示清屏
        LCD_Write_Com( 0x06) ;              //显示光标移动设置
        DelayMs( 5) ;
        LCD_Write_Com( 0x0C) ;              //显示开及光标设置
        }
//主函数
void main( void)
{
    LCD_Init( ) ;
    LCD_Clear( ) ;                         //清屏
    LCD_Write_Char( 7, 0, 'o') ;
    LCD_Write_Char( 8, 0, 'k') ;
    LCD_Write_String( 1, 1, " www. IMUZDH. net" ) ;
while( 1)
    {
    DelayMs( 200) ;
    LCD_Write_Com( 0x18) ;                 //左平移画面
    }
}
```

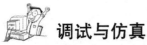 调试与仿真

将程序下载到 AT89C52 单片机内，对液晶显示器驱动电路系统进行仿真，如图 3-9 所示。从仿真的结果来看，该系统满足设计要求。

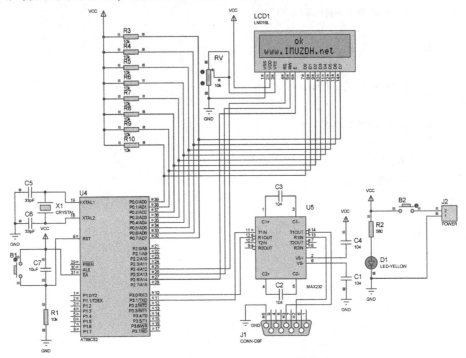

图 3-9　液晶显示器驱动电路系统仿真

 电路板布线图（见图 3-10）

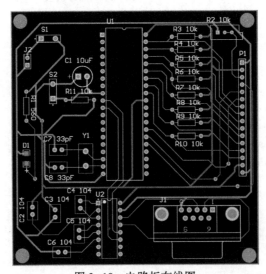

图 3-10　电路板布线图

实物照片（见图 3-11）

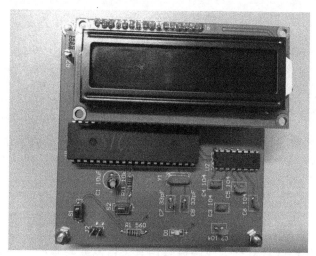

图 3-11　实物照片

 **思考与练习**

（1）用单片机设计电路，一般供电电压为多少？

答：单片机的一般供电电压为 5V。

（2）在 PCB 布局中，放置单片机的时钟电路与复位电路的元器件有什么要求？

答：一般将单片机的时钟电路与复位电路的元器件放在单片机的时钟引脚与复位引脚的旁边。

（3）如果单片机的 P0 接口要作为驱动 I/O 接口，会对其有什么要求？为什么？

答：单片机的 P0 接口必须接上拉电阻，才能作为驱动 I/O 接口。由于单片机的 P0 接口是漏极输出的，必须接上拉电阻才能输出高电平，以具有基本 I/O 接口正常驱动能力。

 特别提醒

（1）当完成液晶显示器驱动电路系统各模块设计后，必须对各模块进行适当连接，并考虑元器件之间的相互影响。

（2）当完成液晶显示器驱动电路系统设计后，要对液晶显示器驱动电路进行测试，看接线、供电是否正常。

（3）在电路板焊接过程中，首先要检查 PCB 有无短路。

项目 4 数码管驱动电路系统设计

 设计任务

设计一个简单的数码管驱动电路，驱动一个数码管循环显示数字 0 ～ 9。

 基本要求

利用单片机 I/O 接口驱动一个共阳极数码管。当该数码管的某个字段阴极为低电平时，该字段就被点亮；当该数码管某个字段阴极为高电平时，该字段就不亮。要使这个数码管循环显示数字 0 ～ 9，必须满足以下条件。

☺ 使用 5V 供电电压。

☺ 数码管的公共端（COM 端）要接 5V 供电电压，而数码管的阴极接到单片机的 I/O 接口。只要单片机 I/O 接口的某个引脚输出低电平就能点亮数码管的相应字段。

☺ 数码管的每个字段都由单片机 I/O 接口的一个引脚驱动。

☺ 数码管的工作电流为 5 ～ 10mA。

 总体思路

首先为单片机设计一个最小系统，并设计一个串口下载模块，能从单片机内下载程序。由于单片机需要 5V 供电电压，所以设计一个 5V 供电电路。

系统组成

整个数码管驱动电路系统主要分为以下 4 个模块。

☺ 电源模块。

☺ 串口下载模块：将在计算机上编写好的程序下载到单片机中。

☺ 单片机模块：利用单片机 I/O 接口驱动数码管的各个段码。

☺ 数码管模块。

数码管驱动电路系统框图如图 4-1 所示。

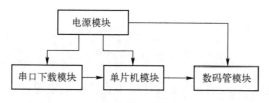

图 4-1　数码管驱动电路系统框图

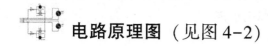 **电路原理图**（见图 4-2）

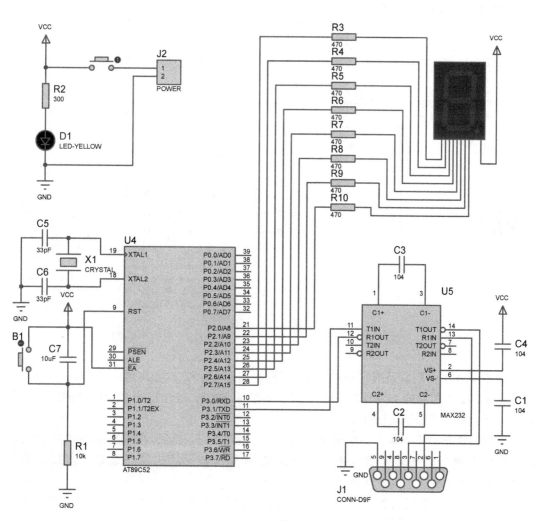

图 4-2　电路原理图

模块详解

1. 电源模块

由于要给整个系统供电，所以必须设计一个直流稳压电源。这里为了设计方便，直接通过一个两引脚排针，外接 5V 电源对整个系统进行供电，并通过 LED 指示电源是否供电正常，如图 4-3 所示。

在图 4-3 中，J2 外接 5V 电源和地，B2 是开关，D1 是 LED。当外接 5V 电源后，闭合开关 B2，如果 D1 亮了，就说明外接 5V 电源供电正常。

2. 串口下载模块

要把在计算机上编写好的程序下载到 PCB 上的单片机内，就必须设计串口下载模块。串口下载模块如图 4-4 所示。

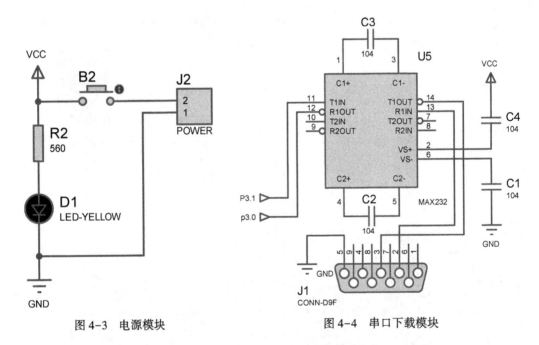

图 4-3 电源模块   图 4-4 串口下载模块

在图 4-4 中，串口采用的是 D9 串口母座，与 MAX232 芯片共同构成串口下载模块。其中，MAX232 芯片的 12 引脚和 11 引脚分别接 AT89C52 单片机的 P3.0 引脚和 P3.1 引脚，以便把程序下载到 AT89C52 单片机内。

AT89C52 单片机提供的引脚电平与 RS-232 标准的不一样，必须对 AT89C52 单片机的引脚电平进行电平转换后才能使 AT89C52 单片机与计算机进行通信。本设计采用 MAX232 芯片进行这个电平转换。

MAX232 芯片是具有 RS-232 标准串口的单电源电平转换芯片，使用正 5V 单电源供电。MAX232 芯片的主要特点如下。

☺ 符合 RS-232 标准。

☺ 只需正 5V 单电源供电。

☺ 片载电荷泵具有升压、电压极性反转能力，能够产生正、负 10V 电压。

☺ 功耗低，典型供电电流为 5mA。

☺ 内部集成两个 RS-232C 驱动器。

☺ 高集成度，片外只需 4 个电容即可工作。

☺ 内部集成 2 个 RS-232C 接收器。

3. 单片机模块

单片机模块采用 AT89C52 单片机，如图 4-5 所示。

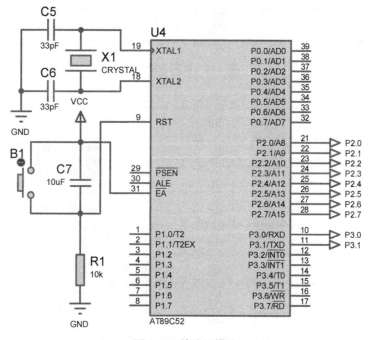

图 4-5　单片机模块

在图 4-5 中，电容 C7、电阻 R1 及开关 B1 构成复位电路；X1、C5、C6 构成时钟电路；AT89C52 单片机的 P2 接口控制数码管。

4. 数码管模块

如图 4-6 所示，运用一个数码管来循环显示数字 0 ～ 9，并通过电源模块对该数码管进行供电，该数码管的阴极分别接上 470Ω 电阻，然后接上 AT89C52 单片机的 P2.0 ～ P2.7 引脚。

在图 4-6 中，用 AT89C52 单片机的 P2.0 ～ P2.7 引脚驱动数码管，使其循环显示数字 0 ～ 9。

数码管显示数字 0 的仿真如图 4-7 所示。数码管显示数字 9 的仿真如图 4-8 所示。

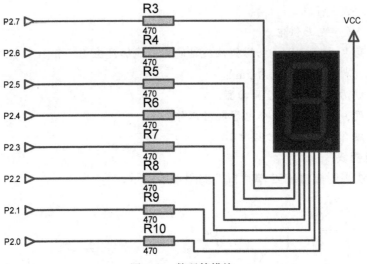

图 4-6　数码管模块

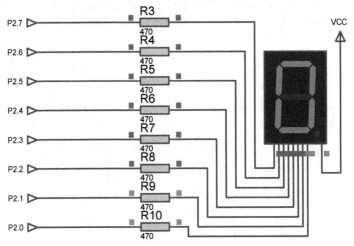

图 4-7　数码管显示数字 0 的仿真

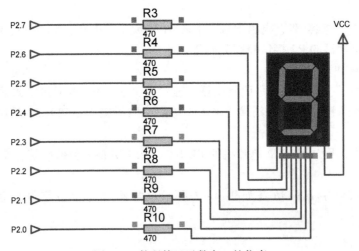

图 4-8　数码管显示数字 9 的仿真

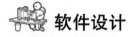 **软件设计**

根据系统设计要求，首先画出程序流程图，如图4-9所示。

按照程序流程图，编写程序如下：

```c
#include<reg52.h>        //包含头文件,一般情况无须改动
                         //头文件包含特殊功能寄存器的定义
unsigned char code table[10] = {0xc0,0xf9,0xa4,0xb0,0x99,0x92,
0x82,0xf8,0x80,0x90,};
    //显示数值表0~9
unsigned char P2_Translate(unsigned char code_tab)
{
unsigned char P2_temp = code_tab;
unsigned char P2_data = 0;
int i = 8;
for(i = 8;i! = 0;i--)
    {
        if(P2_temp&(1<<(i-1)))
        {
            P2_data| = 1<<(8-i);
        }
    }
return P2_data;
}
void Delay(unsigned int t);            //函数声明
/* ----------------主函数-------------------------------- */
void main(void)
{
unsigned char i;                   //定义一个无符号字符型局部变量i
while(1)                           //主循环
    {
    for(i = 0;i<10;i++)            //加入 for 循环,循环 for 循环大括号中的程序
                                   //执行 10 次
    {    P2 = P2_Translate(table[i]);  //循环调用表中的数值
        Delay(50000);              //延时,以方便观看数字变化
    }}
}
/* ---------------------------------------------
延时函数,含有输入参数 t,无返回值
--------------------------------------------- */
void Delay(unsigned int t)
```

图4-9 程序流程图

流程图：
开始 → 码号=0 → 码号≥10? → (Y)返回循环 / (N)码形值赋给P2接口 → 码号+1 → 结束

```
    {
      while(--t);
    }
```

 调试与仿真

将程序下载到 AT89C52 单片机内，对数码管驱动电路系统进行仿真，如图 4-10 所示。从仿真结果来看，该系统满足设计要求。

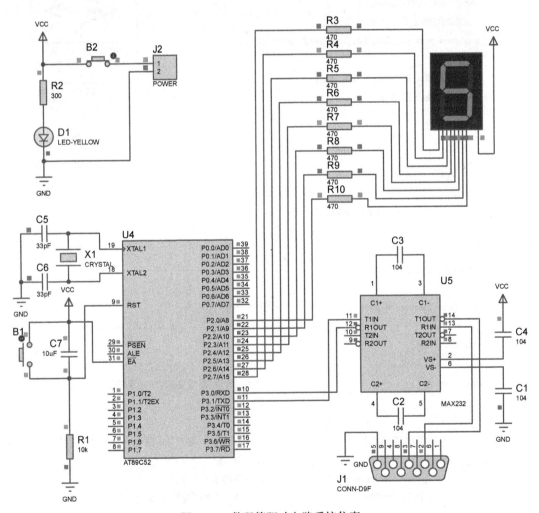

图 4-10　数码管驱动电路系统仿真

电路板布线图（见图 4-11）

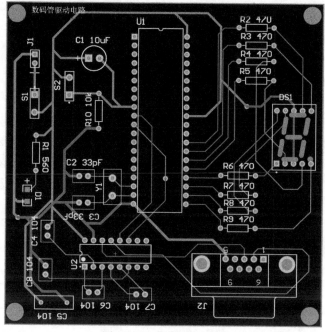

图 4-11　电路板布线图

 实物照片（见图 4-12）

图 4-12　实物照片

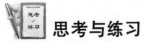 **思考与练习**

（1）简述数码管显示原理。

答：数码管的每个字段本质就是一个 LED。当对这个 LED 加上适当的正向电压时，就能点亮数码管相应字段。

（2）为什么在电源模块中要设计 LED？

答：因为设计了 LED 后，就能直观地确定外接电源是否供电正常。

（3）在单片机模块中，复位电路的作用是什么？

答：复位电路的主要作用是把特殊功能寄存器中的数据刷新为默认数据。单片机在运算过程中，干扰等外界原因会造成特殊功能寄存器中的数据混乱，从而使单片机不能正常继续执行程序或产生不正确的结果，这时均要通过复位电路进行相应的复位操作，以使程序重新开始运行。

 特别提醒

（1）当完成数码管驱动电路系统各模块设计后，必须对各模块进行适当连接，并考虑元器件之间的相互影响。

（2）当完成数码管驱动电路系统设计后，要对数码管驱动电路进行测试，看接线、供电是否正常。

（3）当电路板上的元器件被焊好后，加电测试该电路板，看其能不能正常工作。

项目 5　MOS 管驱动电路系统设计

设计任务

设计一个简单的 MOS 管驱动电路，使其产生方波信号来驱动 NPN 型三极管，以控制 MOS 管导通或关断。

基本要求

利用 NE555 芯片构成多谐振荡器，触发 NPN 型三极管产生导通、关断与放大信号，从而控制 MOS 管导通与关断。通过 LED 检测 MOS 管是否导通或关断，并通过人眼观测 LED 的发光情况。

☺ 多谐振荡器产生 0.5Hz 左右的方波信号。

☺ NE555 芯片使用 5V 供电电压，而 NPN 型三极管和 MOS 管使用 12V 供电电压。

☺ 方波信号要有一定的占空比。

总体思路

多谐振荡器产生具有一定占空比的方波信号给 NPN 型三极管，使其导通或关断，从而控制 MOS 管的导通或关断，并通过 LED 检测 MOS 管是否导通。

系统组成

整个 MOS 管驱动电路系统主要分为以下 3 个模块。

☺ 电源模块。

☺ 多谐振荡器模块：输出具有一定占空比和一定频率的方波信号。

☺ NPN 型三极管控制 MOS 管模块：利用 NPN 型三极管的导通、关断与放大信号来控制 MOS 管导通或关断，并运用 LED 来检测 MOS 管是否导通。

MOS 管驱动电路系统框图如图 5-1 所示。

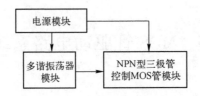

图 5-1　MOS 管驱动电路系统框图

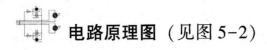 **电路原理图**（见图 5-2）

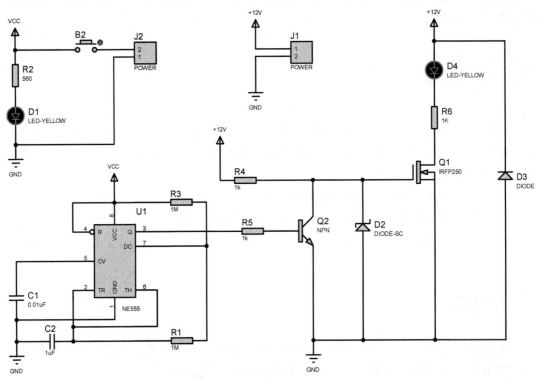

图 5-2　电路原理图

 模块详解

1. 电源模块

由于要给整个系统供电，所以必须设计一个直流稳压电源。这里为了设计方便，直接通过一个两引脚排针，外接 5V 和 12V 电源对整个系统进行供电，并通过 LED 指示电源是否供电正常，如图 5-3 所示。

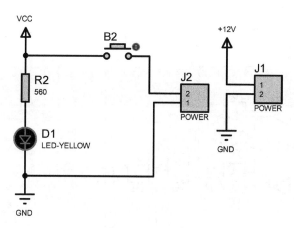

图 5-3 电源模块

在图 5-3 中，J1 外接 12V 电源和地，J2 外接 5V 电源和地，B2 是开关，D1 是 LED。当外接 5V 电源后，闭合开关 B2，如果 D1 亮了，就说明外接 5V 电源供电正常。

2. 多谐振荡器模块

由于需要方波信号来控制 NPN 型三极管导通或关断，从而间接控制 MOS 管导通或关断，所以设计了一个由 NE555 芯片构成的多谐振荡器来产生方波信号。多谐振荡器模块如图 5-4 所示。

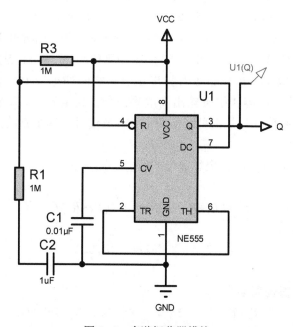

图 5-4 多谐振荡器模块

NE555 芯片成本低、性能可靠，只要外接几个电阻、电容，就可以构成多谐振荡器以产生方波信号。NE555 芯片也常作为定时器广泛应用于仪器仪表、家用电器、电子测量及自动控制等方面。NE555 芯片的内部结构如图 5-5 所示。NE555 芯片的引脚如图 5-6 所示。

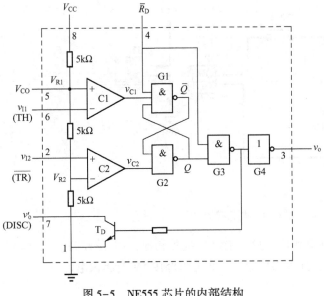

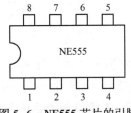

图 5-5 NE555 芯片的内部结构   图 5-6 NE555 芯片的引脚

NE555 芯片的功能主要由两个电压比较器来实现。两个电压比较器的输出电压控制 RS 触发器的状态。在 NE555 芯片的 8 引脚和 1 引脚之间加上电压，当 NE555 芯片的 5 引脚悬空时，则电压比较器 C1 的同相输入端电压为 $2V_{CC}/3$，电压比较器 C2 的反相输入端电压为 $V_{CC}/3$。若 NE555 芯片的 2 引脚电压小于 $V_{CC}/3$，则电压比较器 C2 输出低电平信号，可使 RS 触发器置 1。如果 NE555 芯片的 6 引脚电压大于 $2V_{CC}/3$，同时 NE555 芯片的 2 引脚电压大于 $V_{CC}/3$，则电压比较器 C1 输出低电平信号，电压比较器 C2 输出高电平信号，可将 RS 触发器置 0。

由图 5-4 可知，NE555 芯片的 2 引脚与 6 引脚之间的电容 C2 起到充/放电的作用。在电容 C2 充电过程中，电容 3 引脚输出高电平信号，在电容 C2 放电过程中，NE555 芯片的 3 引脚输出低电平信号，从而可以得到一个方波信号。这个方波信号的振荡周期为

$$T = T_1 + T_2$$

式中，T_1 为电容充电时间；T_2 为电容放电时间。

电容充电时间为

$$T_1 = (R_1 + R_3)C_2\ln2 \approx 0.7(R_1 + R_3)C_2$$

电容放电时间为

$$T_2 = R_3 C_2 \ln2 \approx 0.7 R_3 C_2$$

从而方波信号的振荡周期为

$$T = T_1 + T_2 = (R_1 + 2R_3)C_2\ln2 \approx 0.7(R_1 + 2R_3)C_2$$

方波信号的振荡频率为

$$f = \frac{1}{T} \approx 1.43/[(R_1 + 2R_3)C_2]$$

方波信号的占空比为

$$q = \frac{T_1}{T} = (R_1 + R_3)/(R_1 + 2R_3)$$

因此，改变 R_1、R_3 和 C_2 就可以改变方波信号的振荡频率。由于这里使用的是 12V 的 MOS 管，并用 LED 检测 MOS 管是否导通，所以要利用 NE555 芯片设计一个能产生 0.5Hz 左右的方波信号的多谐振荡器。由于 R_1 与 R_3 的和一般要小于 3.3MΩ，所以初步设定 R_1 为 1MΩ、R_3 为 1MΩ、C_2 为 1μF，从而得出占空比 q 为 2/3。对多谐振荡器模块进行仿真，其仿真结果如图 5-7 所示。从仿真结果来看，多谐振荡器模块能产生 0.5Hz、占空比为 2/3 的方波信号。

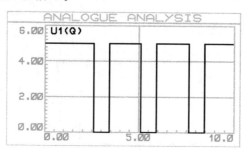

图 5-7　多谐振荡器模块仿真结果

3. NPN 型三极管控制 MOS 管模块

如图 5-8 所示，这里所使用的是 N 沟道增强型 MOS 管 IRFP250。

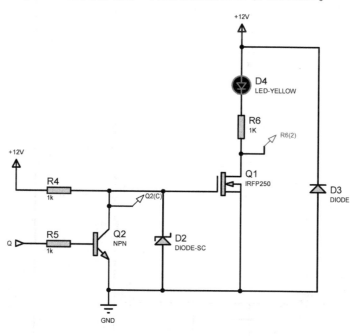

图 5-8　NPN 型三极管控制 MOS 管模块

在图 5-8 中，由导通条件可知，当 MOS 管（Q1）的栅极电压为 4 ~ 10V 时，MOS 管就能导通；当 MOS 管的栅极电压小于 4V 时，MOS 管就无法导通。Q2 为 NPN 型三极管，其供电电压都为 12V。

当 Q2 的基极为高电平时，Q2 导通，则 MOS 管的栅极电压被拉低，MOS 管无法导通，LED 不亮，如图 5-9（a）所示；当 Q2 的基极为低电平时，Q2 关断，则 MOS 管的栅极电压被拉高，MOS 管的栅极与漏极之间的电压差大于 4V，MOS 管导通，LED 发光，如图 5-9（b）所示。这里就是利用 NPN 型三极管来控制 MOS 管导通或关断，并通过 LED 的发光情况来检测 MOS 管是否导通。NPN 型三极管控制 MOS 管模块仿真结果如图 5-10 所示。

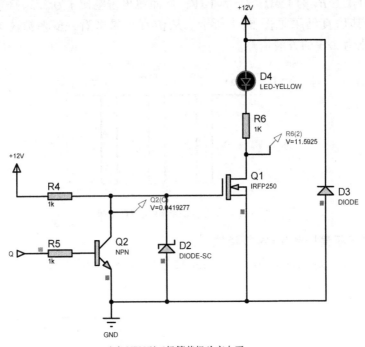

（a）NPN 型三极管基极为高电平

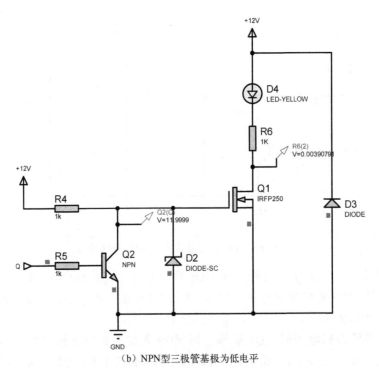

（b）NPN 型三极管基极为低电平

图 5-9　NPN 型三极管控制 MOS 管模块仿真

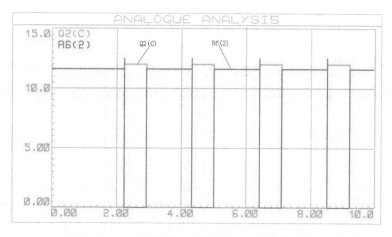

图 5-10　NPN 型三极管控制 MOS 管模块仿真结果

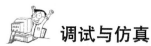 调试与仿真

　　对所设计的 MOS 管驱动电路系统进行仿真，如图 5-11 所示。MOS 管驱动电路系统仿真结果如图 5-12 所示。从仿真结果来看，该系统满足设计要求。

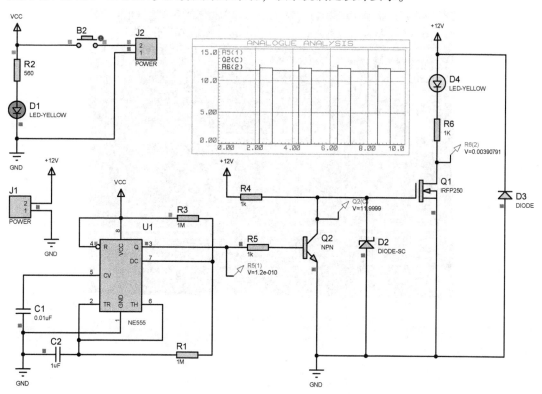

图 5-11　MOS 管驱动电路系统仿真

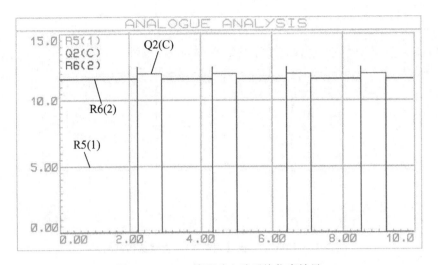

图 5-12 MOS 管驱动电路系统仿真结果

 电路板布线图（见图 5-13）

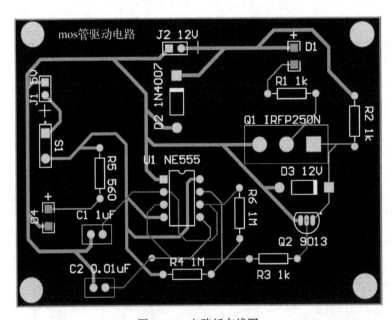

图 5-13 电路板布线图

实物照片（见图 5-14）

图 5-14 实物照片

 思考与练习

（1）漏极接地的 MOS 管导通条件是什么？

答：由 MOS 管导通条件可知，当 MOS 管的栅极电压为正，一般为 4 ～ 10V 时，MOS 管就能导通；当 MOS 管的栅极电压小于 4V 时，就无法导通。

（2）要让多谐振荡器模块产生 3Hz 左右的方波信号，R1 和 R3 的电阻值应为多大？

答：根据 $f = \dfrac{1}{T} \approx 1.43 / [(R_1 + 2R_3) C_2]$，设 $C_2 = 0.1\mu F$，则 $R_1 \approx 1M\Omega$，$R_3 \approx 2M\Omega$。

（3）NPN 型三极管导通条件是什么？

答：当 NPN 型三极管基极加上正向电压、发射极接地时，NPN 型三极管即可导通。

特别提醒

（1）当完成 MOS 管驱动电路系统各模块设计后，必须对各模块进行适当连接，并考虑元器件之间的相互影响。

（2）在焊接元器件之前，要先检查 PCB 有无短路。

项目 6　蜂鸣器驱动电路系统设计

设计任务

设计一个简单的蜂鸣器驱动电路，使其产生方波信号，以驱动无源蜂鸣器发声。

基本要求

☺ 设计一个多谐振荡器，能产生 2kHz 左右的方波信号。
☺ 使用 5V 供电电压。
☺ 方波信号有一定的占空比。

总体思路

　　结合 NPN 型三极管导通条件、蜂鸣器工作电压和工作频率设计一个多谐振荡器，以产生具有一定占空比的方波信号来驱动蜂鸣器发声。

系统组成

　　整个蜂鸣器驱动电路系统主要分为以下 3 个模块。
☺ 电源模块。
☺ 多谐振荡器模块：输出具有一定占空比和一定频率的方波信号。
☺ NPN 型三极管控制蜂鸣器模块：用 NPN 型三极管控制蜂鸣器发声。
蜂鸣器驱动电路系统框图如图 6-1 所示。

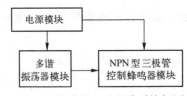

图 6-1　蜂鸣器驱动电路系统框图

电路原理图（见图 6-2）

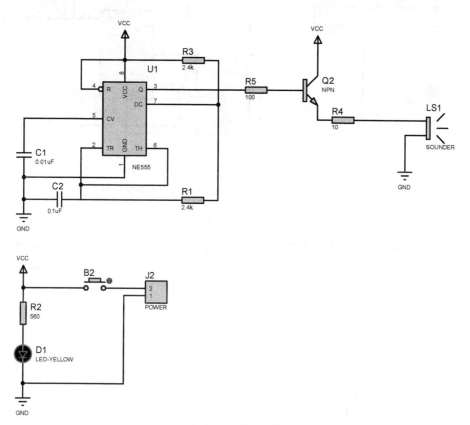

图 6-2　电路原理图

 模块详解

1. 电源模块

由于要给整个系统供电，所以必须设计一个直流稳压电源。这里为了设计方便，直接通过一个两引脚排针，外接 5V 电源对整个系统进行供电，并通过 LED 指示电源是否供电正常，如图 6-3 所示。

在图 6-3 中，J2 外接 5V 电源和地，B2 是开关，D1 是 LED。当外接 5V 电源后，闭合开关 B2，如果 D1 亮了，就说明外接 5V 电源供电正常。

2. 多谐振荡器模块

由于需要方波信号来控制 NPN 型三极管导通或关断，从而间接控制蜂鸣器发声，所以设计了一个由 NE555 芯片构成的多谐振荡器来产生方波信号。多谐振荡器模块如图 6-4 所示。

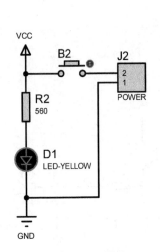

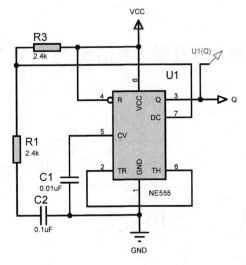

图 6-3 电源模块   图 6-4 多谐振荡器模块

NE555 芯片成本低、性能可靠，只要外接几个电阻、电容，就可以构成多谐振荡器以产生方波信号。NE555 芯片也常作为定时器广泛应用于仪器仪表、家用电器、电子测量及自动控制等方面。NE555 芯片的内部结构如图 6-5 所示。NE555 芯片的引脚如图 6-6 所示。

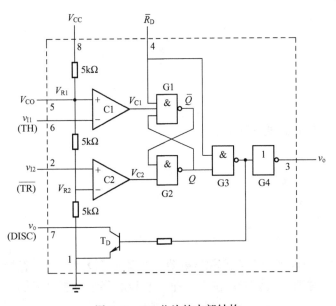

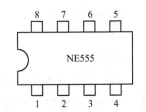

图 6-5　555 芯片的内部结构   图 6-6　NE555 芯片的引脚

NE555 芯片的功能主要由两个电压比较器来实现。两个电压比较器的输出电压控制 RS 触发器的状态。在 NE555 芯片的 8 引脚和 1 引脚之间加上电压，当 NE555 芯片的 5 引脚悬空时，则电压比较器 C1 的同相输入端的电压为 $2V_{cc}/3$，电压比较器 C2 的反相输入端电压为 $V_{cc}/3$。若 NE555 芯片的 2 引脚电压小于 $V_{cc}/3$，则电压比较器 C2 输出低电平信号，可使 RS 触发器置 1。如果 NE555 芯片的 6 引脚电压大于 $2V_{cc}/3$，同时 NE555 芯片的

2 引脚电压大于 $V_{CC}/3$，则电压比较器 C1 输出低电平信号，电压比较器 C2 输出高电平信号，可将 RS 触发器置 0。

由图 6-4 可知，NE555 芯片的 2 引脚与 6 引脚之间的电容 C2 起到充/放电的作用，在电容 C2 充电过程中，NE555 芯片的 3 引脚输出高电平信号，在电容 C2 放电过程中，NE555 芯片的 3 引脚输出低电平信号，从而可以得到一个方波信号。这个方波信号的振荡周期为

$$T = T_1 + T_2$$

式中，T_1 为电容充电时间；T_2 为电容放电时间。

电容充电时间为

$$T_1 = (R_1 + R_3)C_2 \ln 2 \approx 0.7(R_1 + R_3)C_2$$

电容放电时间为

$$T_2 = R_3 C_2 \ln 2 \approx 0.7 R_3 C_2$$

从而，方波信号的振荡周期为

$$T = T_1 + T_2 = (R_1 + 2R_3)C_2 \ln 2 \approx 0.7(R_1 + 2R_3)C_2$$

方波信号的振荡频率为

$$f = \frac{1}{T} \approx 1.43 / [(R_1 + 2R_3)C_2]$$

方波信号的占空比为

$$q = \frac{T_1}{T} = (R_1 + R_3)/(R_1 + 2R_3)$$

因此，改变 R_1、R_3 和 C_2 就可以改变方波信号的振荡频率。这里利用 NE555 芯片设计一个能产生 2kHz 左右的方波信号的多谐振荡器。由于 R_1 与 R_3 的电阻和一般要小于 3.3MΩ，所以初步设定 R_1 为 2.4kΩ、R_3 为 2.4kΩ、C_2 为 0.1μF，从而得出占空比 q 为 2/3。对多谐振荡器模块进行仿真，其仿真结果如图 6-7 所示。从仿真结果来看，多谐振荡器能产生 2kHz、占空比为 2/3 的方波信号。

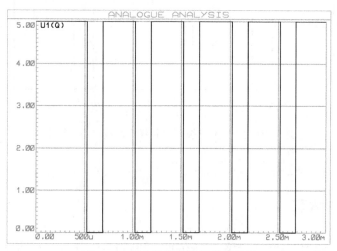

图 6-7 多谐振荡器模块仿真结果

3. NPN 型三极管控制蜂鸣器模块

如图 6-8 所示，这里所使用的是 2kHz 的 5V 无源蜂鸣器。

在图 6-8 中，LS1 为蜂鸣器，Q2 为 NPN 型三极管，供电电压为 5V。当 Q2 的基极为高电平时，Q2 导通，蜂鸣器发出声音；当 Q2 的基极为低电平时，Q2 关断，蜂鸣器不发声。NPN 型三极管控制蜂鸣器模块仿真如图 6-9 所示。这里就是利用 NPN 型三极管来控制蜂鸣器发声的。NPN 型三极管控制蜂鸣器模块仿真结果如图 6-10 所示。

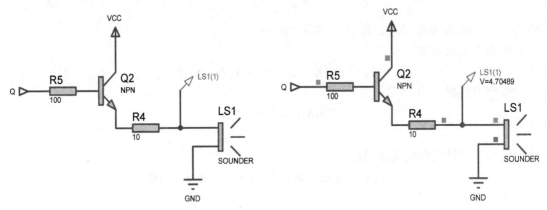

图 6-8　NPN 型三极管控制蜂鸣器模块　　图 6-9　NPN 型三极管控制蜂鸣器模块仿真

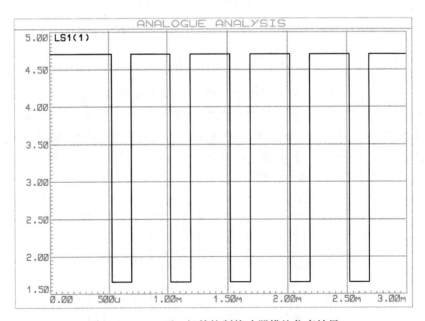

图 6-10　NPN 型三极管控制蜂鸣器模块仿真结果

 调试与仿真

对所设计的蜂鸣器驱动电路系统进行仿真，如图 6-11 所示。蜂鸣器驱动电路系统仿真结果如图 6-12 所示。从仿真结果来看，该系统满足设计要求。

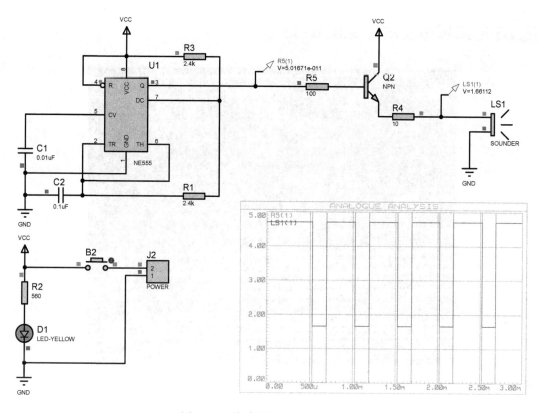

图 6-11 蜂鸣器驱动电路系统仿真

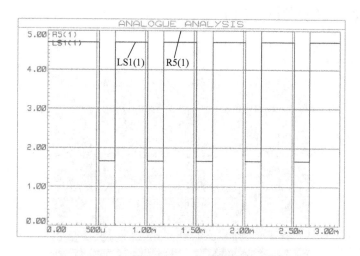

图 6-12 蜂鸣器驱动电路系统仿真结果

55

电路板布线图（见图 6-13）

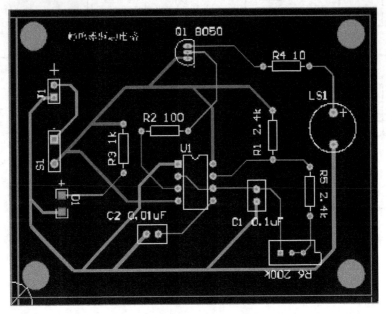

图 6-13　电路板布线图

 实物照片（见图 6-14）

图 6-14　实物照片

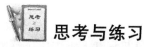 **思考与练习**

（1）简述无源蜂鸣器的工作条件。

答： 无源蜂鸣器内部不会产生振荡信号，而直流信号又无法令其发声，必须使用 1～5kHz 的方波信号去驱动它，使其发声。

（2）在本设计中，要使多谐振荡器产生 0.5Hz 左右的方波信号，R1 和 R3 的电阻值应为多大？

答： 根据 $f = \dfrac{1}{T} \approx 1.43/[(R_1+2R_3)C_2]$，设 $C_2 = 1\mu F$，则 R1 与 R3 都可为 $1M\Omega$。

 特别提醒

（1）当完成蜂鸣器驱动电路系统各模块设计后，必须对各模块进行分析，看有没有不合理的地方。

（2）在焊接元器件之前，要先检查 PCB 有无短路。

项目 7　继电器驱动电路系统设计

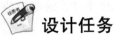

设计任务

设计一个简单的继电器驱动电路，使其产生方波信号来控制继电器导通或关断。

基本要求

本设计使用的是一个工作电压为 12V 的继电器，继电器的启动电流为 25mA 左右，继电器的内阻为 500Ω。当继电器线圈两端加上 12V 电压时，继电器线圈中有电流通过，继电器的常闭触点断开，常开触点闭合，继电器工作。当继电器线圈两端没有电压时，继电器常闭触点闭合，常开触点断开，继电器不工作。通过一个 LED 检测继电器是否导通。

☺ 多谐振荡器产生 0.5Hz 左右的方波信号。

☺ 继电器的工作电压为 12V。

☺ 方波信号有一定的占空比。

总体思路

多谐振荡器产生具有一定占空比的方波信号给 NPN 型三极管，使其导通或关断，从而控制继电器导通或关断，并通过 LED 检测继电器是否导通。

系统组成

整个继电器驱动电路系统主要分为以下 3 个模块。

☺ 电源模块。

☺ 多谐振荡器模块：输出具有一定占空比和一定频率的方波信号。

☺ NPN 型三极管控制继电器模块：控制继电器导通或关断，并通过 LED 检测继电器是否导通。

继电器驱动电路系统框图如图 7-1 所示。

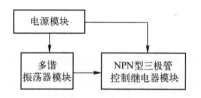

图 7-1　继电器驱动电路系统框图

 电路原理图（见图 7-2）

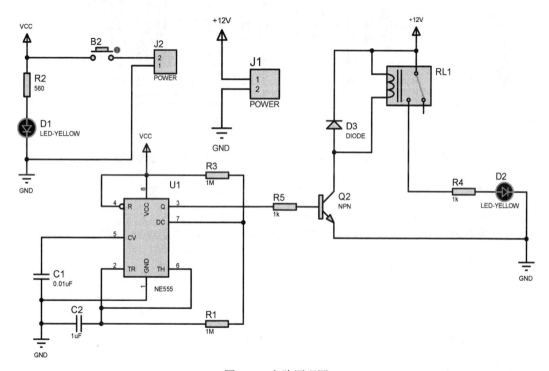

图 7-2　电路原理图

 模块详解

1. 电源模块

由于要给整个系统供电，所以必须设计一个直流稳压电源。这里为了设计方便，直接通过一个两引脚排针，外接 5V 和 12V 电源对整个系统进行供电，并通过 LED 指示电源是否供电正常，如图 7-3 所示。

在图 7-3 中，J1 外接 12V 电源和地，J2 外接 5V 电源和地，B2 是开关，D1 是 LED。当外接 5V 电源后，闭合开关 B2，如果 D1 亮了，就说明外接 5V 电源供电正常。

2. 多谐振荡器模块

由于需要方波信号来控制 NPN 型三极管导通或关断，从而间接控制继电器导通或关断，所以设计了一个由 NE555 芯片构成的多谐振荡器来产生方波信号。多谐振荡器模块如图 7-4 所示。

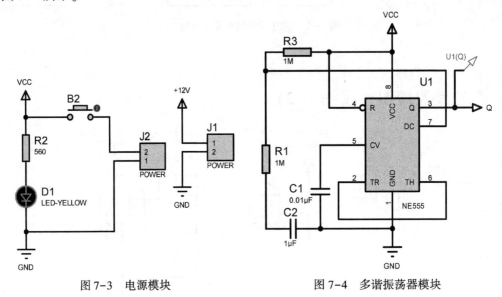

图 7-3 电源模块   图 7-4 多谐振荡器模块

NE555 芯片成本低、性能可靠，只要外接几个电阻、电容，就可以构成多谐振荡器以产生方波信号。NE555 芯片也常作为定时器广泛应用于仪器仪表、家用电器、电子测量及自动控制等方面。NE555 芯片的内部结构如图 7-5 所示。NE555 芯片的引脚如图 7-6 所示。

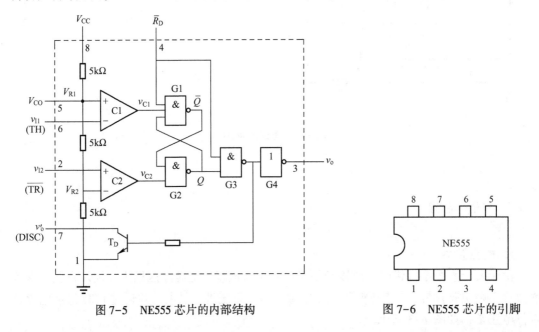

图 7-5 NE555 芯片的内部结构   图 7-6 NE555 芯片的引脚

NE555 芯片的功能主要由两个电压比较器来实现。两个电压比较器的输出电压控制 RS 触发器的状态。在 NE555 芯片的 8 引脚和 1 引脚之间加上电压，当 NE555 芯片的 5 引脚悬空时，则电压比较器 C1 的同相输入端电压为 $2V_{CC}/3$，电压比较器 C2 的反相输入端电压为 $V_{CC}/3$。若 NE555 芯片的 2 引脚电压小于 $V_{CC}/3$，则电压比较器 C2 输出低电平信号，可使 RS 触发器置 1。如果 NE555 芯片的 6 引脚电压大于 $2V_{CC}/3$，同时 NE555 芯片的 2 引脚电压大于 $V_{CC}/3$，则电压比较器 C1 输出低电平信号，电压比较器 C2 输出高电平信号，可将 RS 触发器置 0。

由图 7-4 可知，NE555 芯片的 2 引脚与 6 引脚之间的电容 C2 起到充/放电的作用。在电容 C2 充电过程中，NE555 芯片的 3 引脚输出高电平信号，在电容 C2 放电过程中，NE555 芯片的 3 引脚输出低电平信号，从而可以得到一个方波信号。这个方波信号的振荡周期为

$$T = T_1 + T_2$$

式中，T_1 为电容充电时间；T_2 为电容放电时间。

电容充电时间为

$$T_1 = (R_1 + R_3)C_2\ln2 \approx 0.7(R_1 + R_3)C_2$$

电容放电时间为

$$T_2 = R_3C_2\ln2 \approx 0.7R_3C_2$$

从而，方波信号的振荡周期为

$$T = T_1 + T_2 = (R_1 + 2R_3)C_2\ln2 \approx 0.7(R_1 + 2R_3)C_2$$

方波信号的振荡频率为

$$f = \frac{1}{T} \approx 1.43/[(R_1 + 2R_3)C_2]$$

方波信号的占空比为

$$q = \frac{T_1}{T} = (R_1 + R_3)/(R_1 + 2R_3)$$

因此，改变 R_1、R_3 和 C_2 就可以改变方波信号的振荡频率。由于这里使用的是工作电压为 12V 的继电器，并用 LED 检测继电器是否导通，所以必须要利用 NE555 芯片设计一个能产生 0.5Hz 左右的方波信号的多谐振荡器。由于 R_1 与 R_3 的和一般要小于 3.3MΩ，所以初步设定 R_1 为 1MΩ、R_3 为 1MΩ、C_2 为 1μF，得出占空比 q 为 2/3。对多谐振荡器模块进行仿真，其仿真结果如图 7-7 所示。从仿真结果来看，多谐振荡器能产生 0.5Hz、占空比为 2/3 的方波信号。

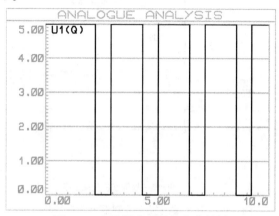

图 7-7　多谐振荡器模块仿真结果

3. NPN 型三极管控制继电器模块

如图 7-8 所示，这里所使用的是工作电压为 12V 的继电器。

在图 7-8 中，RL1 为继电器，Q2 为 NPN 型三极管，供电电压均为 12V。当 Q2 的基极为高电平时，Q2 导通，12V 电压便加在了继电器线圈上，该线圈中就会流过一定的电流，从而产生电磁效应，继电器的衔铁就会在电磁力的作用下克服弹簧的拉力吸向铁芯，从而带动衔铁的动触点与常开触点吸合，LED 发光，如图 7-9（a）所示；当 Q2 的基极为低电平时，Q2 关断，电磁力也随之消失，衔铁就会在弹簧的反作用力作用下返回原来位置，使动触点与原来的常闭触点吸合，LED 灭，如图 7-9（b）所示。这里就是利用 NPN 型三极管来控制继电器导通或关断，并通过 LED 的发光情况来检测继电器是否导通。NPN 型三极管控制继电器模块仿真结果如图 7-10 所示。

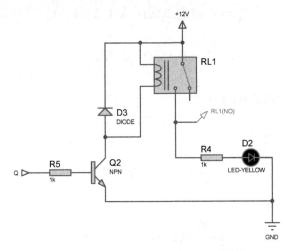

图 7-8　NPN 型三极管控制继电器模块

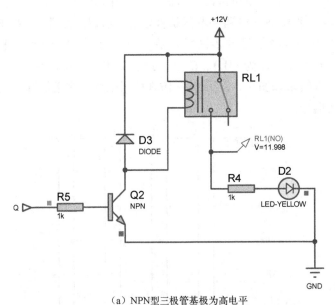

（a）NPN型三极管基极为高电平

图 7-9　NPN 型三极管控制继电器模块仿真

62

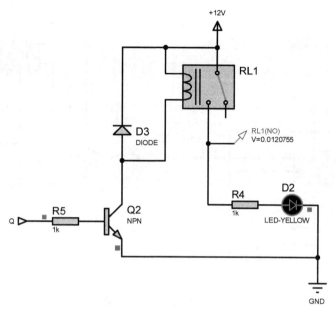

（b）NPN 型三极管基极为低电平

图 7-9　NPN 型三极管控制继电器模块仿真（续）

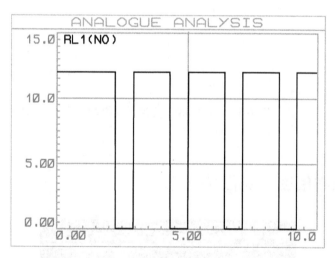

图 7-10　NPN 型三极管控制继电器模块仿真结果

 调试与仿真

　　对所设计的继电器驱动电路系统进行仿真，如图 7-11 所示。继电器驱动电路系统仿真结果如图 7-12 所示。从仿真的结果来看，该系统满足设计要求。

63

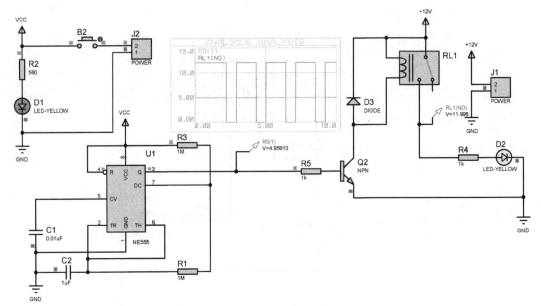

图 7-11　继电器驱动电路系统仿真

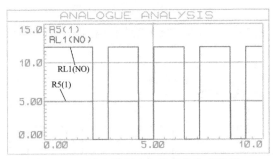

图 7-12　继电器驱动电路系统仿真结果

 电路板布线图（见图 7-13）

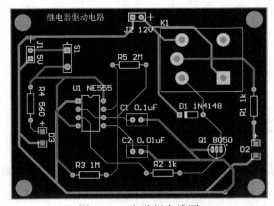

图 7-13　电路板布线图

实物照片（见图 7-14）

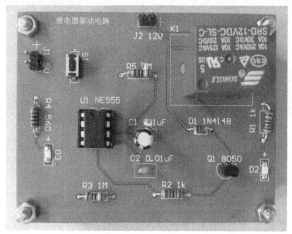

图 7-14　实物照片

 思考与练习

（1）继电器的工作原理是什么？

答：当在继电器线圈两端加上一定的电压时，继电器线圈中就会流过一定的电流，从而产生电磁效应，继电器的衔铁就会在电磁力的作用下克服弹簧的拉力吸向铁芯，从而带动衔铁的动触点与常开触点吸合；当继电器线圈两端电压转为 0 时，电磁力也随之消失，衔铁就会在弹簧的反作用力作用下返回原来位置，使动触点与原来的常闭触点吸合。

（2）在本设计中，多谐振荡器的作用是什么？

答：多谐振荡器的作用是产生 0.5Hz 左右的方波信号，使 NPN 型三极管也按 0.5Hz 左右频率导通、关断，从而控制继电器工作。

（3）为什么在本设计中要设置多谐振荡器产生 0.5Hz 左右的方波信号？

答：这里主要用继电器控制 LED 亮与灭。由于要通过人眼观察 LED 的发光情况，如果 LED 亮与灭的频率太高，则看不清 LED 亮与灭，因此这里设置多谐振荡器产生频率不高的 0.5Hz 左右的方波信号。

特别提醒

（1）在设计电路原理图与 PCB 时，电源的正、负极千万不要接反。

（2）在焊接元器件之前，要先检查 PCB 有无短路。

项目 8 扬声器驱动电路系统设计

 设计任务

设计一个简单的扬声器驱动电路，使其驱动扬声器发声。

 基本要求

要使扬声器驱动电路驱动扬声器发声，则扬声器驱动电路应满足以下要求。

☺ 额定输出功率 $P_{OR} \geqslant 2W$。

☺ 带宽 BW 为 $0.5 \sim 10kHz$。

☺ 在额定输出功率下，带宽内的非线性失真系数 $\leqslant 3\%$。

 总体思路

扬声器驱动电路的作用是将传声器件获得的微弱信号放大以驱动扬声器或其他电声器件发声。

系统组成

整个扬声器驱动电路系统主要分为以下 3 个模块。

☺ 电源模块：为整个系统提供稳定电压。

☺ 放大模块：对输入信号进行放大。

☺ 扬声器模块。

扬声器驱动电路系统框图如图 8-1 所示。

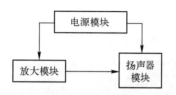

图 8-1　扬声器驱动电路系统框图

 电路原理图（见图 8-2）

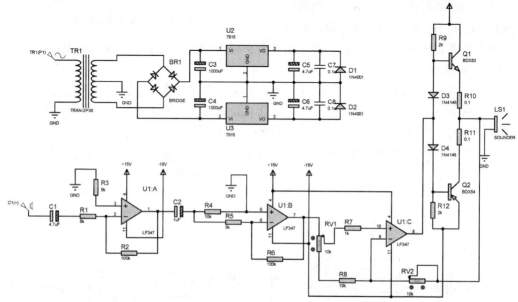

图 8-2　电路原理图

 模块详解

1. 电源模块

由于要给整个系统供电，所以必须设计一个直流稳压电源，如图 8-3 所示。

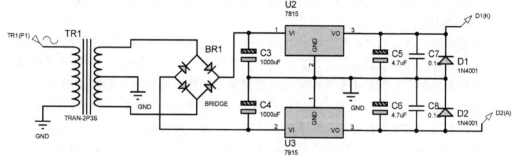

图 8-3　电源模块

在图 8-3 中，由 4 个整流二极管构成全桥整流电路；在三端稳压器的输入端接入电解电容 C3 和 C4，均为 1000μF，用于电源滤波；在三端稳压器输出端接入电解电容 C5 和 C6，均为 4.7μF，用于减小电压纹波；陶瓷电容 C7 和 C8 均为 0.1μF，用于改善负载的瞬态响应特性并抑制高频干扰（陶瓷电容的电感效应很小，可以被忽略，而电解电容因为电感效应在高频段比较明显，所以不能抑制高频干扰），D1 和 D2 用于电路的保护。电源

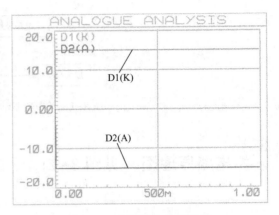

图 8-4　电源模块仿真结果

模块仿真结果如图 8-4 所示。从仿真结果来看，电源模块能产生正、负 15V 电压。

2. 放大模块

由于电源模块的输出电压幅度往往很小，不足以驱动功率放大器输出额定功率，因此常在功率放大电路之前插入前置放大器（放大模块）。这个前置放大器将电源模块的输出信号加以放大，同时对该信号进行适当的处理。在这里，前置放大器（包括一级放大电路和二级放大电路）对该信号所做的处理就是滤波，即前置放大器同时充当带通滤波器，使扬声器驱动电路的带宽为 0.5Hz ～ 10kHz，如图 8-5 所示。

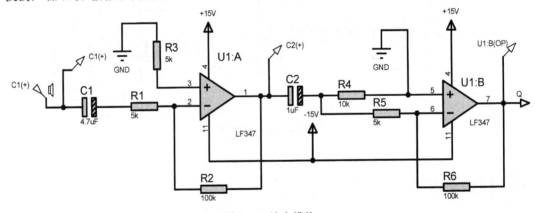

图 8-5　放大模块

这个放大模块的放大倍数是 400，其中 U1：A 放大倍数为 20，U1：B 放大倍数为 20。当给放大模块输入 5mV、1kHz 的正弦电压，放大模块仿真结果如图 8-6 所示。

3. 扬声器模块

欲使扬声器发声，必须要用足够的功率来驱动它。功率放大器不仅能进行电压放大或电流放大，还能进行功率放大。扬声器模块采用的是 OCL 功率放大器。在扬声器模块中，引入了负反馈，这样可以减小非线性失真、展宽频带。扬声器模块如图 8-7 所示。

如图 8-7 所示，在正、负输入电压的作用下，晶体管 Q1、Q2 处于微导通状态。在输入电压的正半周，主要通过 Q1 发射级驱动负载；在输入电压的负半周，主要通过 Q2 发射极驱动负载。Q1、Q2 的导通时间都比输入电压的半个周期长，所以即使输入电压很小，总能保证至少有一个晶体管导通，因而消除了交越失真。

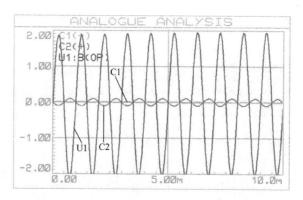

图 8-6 放大模块仿真结果

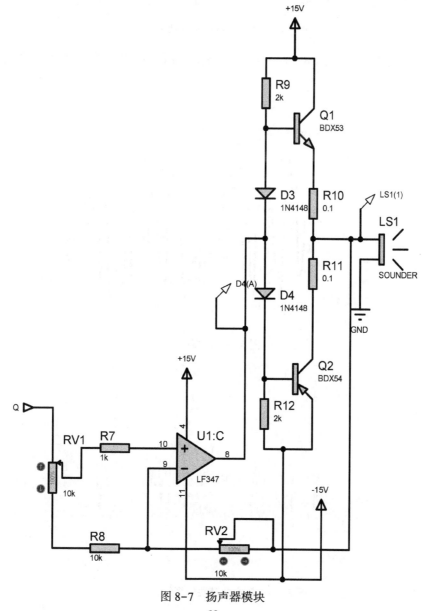

图 8-7 扬声器模块

69

当给放大模块输入 5mV、1kHz 的正弦电压时，扬声器模块仿真结果如图 8-8 所示。

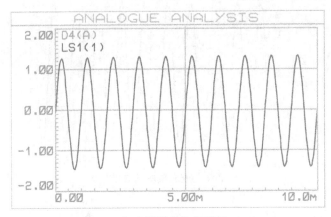

图 8-8　扬声器模块仿真结果（一）

当给放大模块输入如图 8-9 所示的音频信号时，扬声器模块仿真结果如图 8-10 所示。

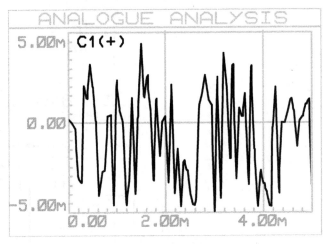

图 8-9　音频信号

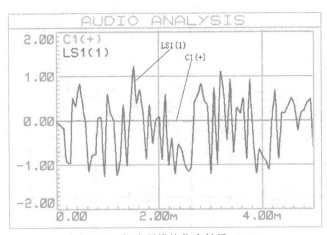

图 8-10　扬声器模块仿真结果（二）

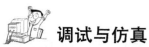 **调试与仿真**

　　对所设计的扬声器驱动电路系统进行仿真，如图 8-11 所示。扬声器驱动电路系统仿真结果如图 8-12 所示。从仿真结果来看，该系统满足设计要求。

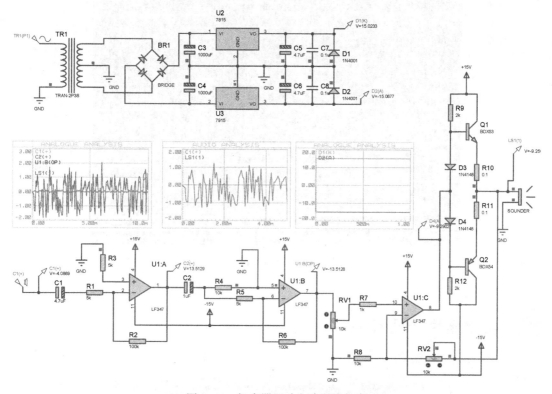

图 8-11　扬声器驱动电路系统仿真

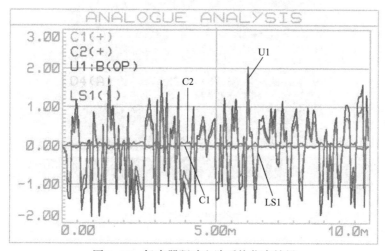

图 8-12　扬声器驱动电路系统仿真结果

71

电路板布线图（见图 8-13）

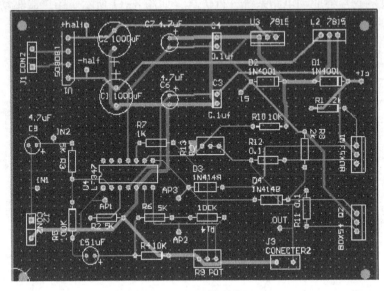

图 8-13 电路板布线图

 实物照片（见图 8-14）

图 8-14 实物照片

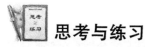 **思考与练习**

（1）如何根据输入信号的特点选择前置放大器？

答：根据输入信号的内阻、频率、幅值选择前置放大器。

（2）如何通过仿真对电路的性能进行校验？

答：通过时域瞬态分析、频域参数扫描等仿真对电路的性能进行校验。

（3）如何对电路进行测试？

答：根据电路原理，提供激励信号，观察电路各级输出信号是否符合设计要求。

 特别提醒

（1）当完成扬声器驱动电路系统各模块设计后，必须对各模块进行适当的连接，并考虑元器件之间的相互影响。

（2）当完成扬声器驱动电路系统设计后，要对扬声器驱动电路进行噪声分析、频率分析等测试。

项目 9　霓虹灯驱动电路系统设计

设计任务

设计一个简单的霓虹灯驱动电路,以驱动霓虹灯发光,并可以通过开关控制霓虹灯的亮、灭。

基本要求

为了控制霓虹灯的亮、灭,加入了多谐振荡器,以产生方波信号作为输入信号。同时,为了便于观察,产生的方波信号频率不宜过小。

☺ 多谐振荡器产生 0.5Hz 左右的方波信号且有一定的占空比。

☺ 开关可以控制 LED 的亮、灭。

☺ LED 要有保护电路,要接限流电阻。

总体思路

霓虹灯驱动电路的作用是驱动霓虹灯,使其发出亮光。可以通过控制开关状态(断开或闭合)来控制 74LS138 芯片的输出信号,进而控制霓虹灯的状态(熄灭与发光)。在本设计中,为了方便调试与测试,将霓虹灯用 LED 代替。

系统组成

整个霓虹灯驱动电路系统主要分为以下 4 个模块。

☺ 电源模块。

☺ 多谐振荡器模块:输出具有一定占空比和一定频率的方波信号。

☺ 开关模块:控制整个系统的输入信号。

☺ 霓虹灯模块。

霓虹灯驱动电路系统框图如图 9-1 所示。

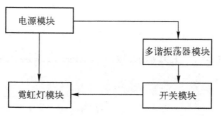

图 9-1　霓虹灯驱动电路系统框图

电路原理图（见图 9-2）

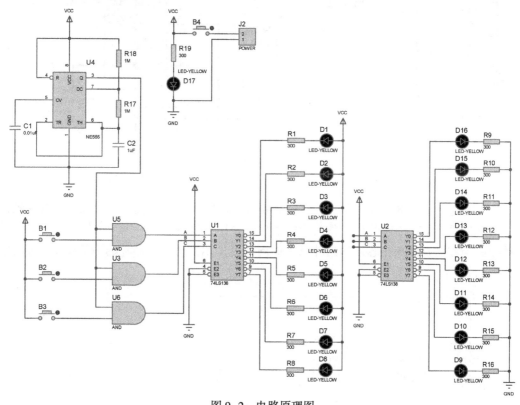

图 9-2　电路原理图

 模块详解

1. 电源模块

由于要给整个系统供电，所以必须设计一个直流稳压电源。这里为了设计方便，直接通过一个两引脚排针，外接 5V 电源对整个系统进行供电，并通过 LED 指示电源是否供电正常，如图 9-3 所示。

在图 9-3 中，J2 外接 5V 电源和地，B4 是开关，D17 是 LED。当外接 5V 电源后，闭合开关 B4，如果 D17 亮了，就说明外接 5V 电源供电正常。

2. 多谐振荡器模块

由于需要方波信号和开关共同控制整个系统的输入信号，从而间接控制 LED 的亮、灭，所以设计了多谐振荡器来产生方波信号。多谐振荡器模块如图 9-4 所示。

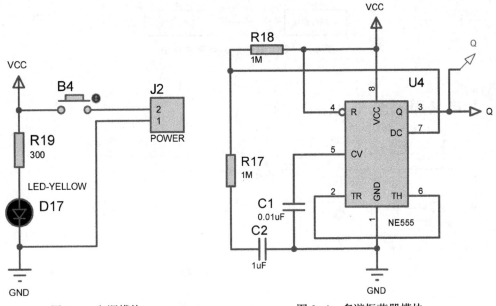

图 9-3 电源模块　　　　　　　图 9-4 多谐振荡器模块

NE555 芯片成本低、性能可靠，只要外接几个电阻、电容，就可以构成多谐振荡器以产生方波信号。NE555 芯片也常作为定时器广泛应用于仪器仪表、家用电器、电子测量及自动控制等方面。NE555 芯片的内部结构如图 9-5 所示。NE555 芯片的引脚图 9-6 所示。

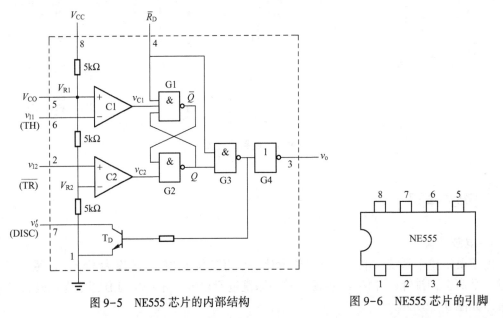

图 9-5　NE555 芯片的内部结构　　　　　图 9-6　NE555 芯片的引脚

NE555 芯片的功能主要由两个电压比较器来实现。两个电压比较器的输出电压控制 RS 触发器的状态。在 NE555 芯片的 8 引脚和 1 引脚之间加上电压，当 NE555 芯片的 5 引脚悬空时,则电压比较器 C1 的同相输入端电压为 $2V_{CC}/3$,电压比较器 C2 的反相输入端电压为 $V_{CC}/3$。若 NE555 芯片的 2 引脚电压小于 $V_{CC}/3$,则电压比较器 C2 输出低电平信号,可使 RS 触发器置 1。如果 NE555 芯片的 6 引脚电压大于 $2V_{CC}/3$,同时 NE555 芯片的 2 引脚电压大于 $V_{CC}/3$,则电压比较器 C1 输出低电平信号,电压比较器 C2 输出高电平信号,可将 RS 触发器置 0。

由图 9-4 可知,NE555 芯片的 2 引脚与 6 引脚之间的电容 C2 起到充/放电的作用。在电容 C2 充电过程中,NE555 芯片的 3 引脚输出高电平信号,在电容 C2 放电过程中,NE555 芯片的 3 引脚输出低电平信号,从而可以得到一个方波信号。这个方波信号的振荡周期为

$$T=T_1+T_2$$

式中,T_1 为电容充电时间;T_2 为电容放电时间。

电容充电时间为

$$T_1=(R_{17}+R_{18})C_2\ln2\approx0.7(R_{17}+R_{18})C_2$$

电容放电时间为

$$T_2=R_{17}C_2\ln2\approx0.7R_{17}C_2$$

从而,方波信号的振荡周期为

$$T=T_1+T_2=(R_{17}+2R_{18})C_2\ln2\approx0.7(R_{17}+2R_{18})C_2$$

方波信号的振荡频率为

$$f=\frac{1}{T}\approx1.43/[(R_{17}+2R_{18})C_2]$$

方波信号的占空比为

$$q=\frac{T_1}{T}=(R_{17}+R_{18})/(R_{17}+2R_{18})$$

因此,改变 R_{17}、R_{18} 和 C_2 就可以改变方波信号的振荡频率。为了便于调试和观察,这里用 NE555 芯片设计一个能产生 0.5Hz 左右的方波信号的多谐振荡器。由于 R_{17} 与 R_{18} 的和一般要小于 3.3MΩ,所以初步设定 R_{17} 为 1MΩ、R_{18} 为 1MΩ、C_2 为 1μF,从而得出占空比 q 为 2/3。对多谐振荡器模块进行仿真,其仿真结果如图 9-7 所示。从仿真结果来看,多谐振荡器能产生 0.5Hz、占空比为 2/3 的方波信号。

3. 开关模块

为了实现通过控制 3—8 译码器的输入信号来控制 3—8 译码器的输出信号,这里采用 3 个与门组成开关模块,如图 9-8 所示。当开关闭合且多谐振荡器模块输出高电平时,与门输出高电平;当开关断开或多谐振荡器模块输出低电平时,与门输出为低电平。开关信号、多谐振荡器模块输出信号、与门输出信号的关系如表 9-1 所示。

表 9-1 开关信号、多谐振荡器模块输出信号、与门输出信号的关系

输入信号 1[①]	输入信号 2[②]	与门输出信号	输入信号 1[①]	输入信号 2[②]	与门输出信号
0	0	0	1	0	0
0	1	0	1	1	1

① 输入信号 1 为开关信号。

② 输入信号 2 为多谐振荡器模块输出信号。

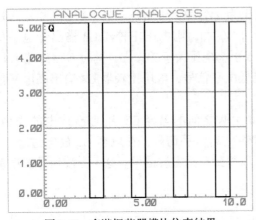

图 9-7　多谐振荡器模块仿真结果

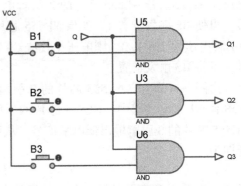

图 9-8　开关模块

4. 霓虹灯模块

如图 9-9 所示，这里设计了两个的霓虹灯驱动电路。

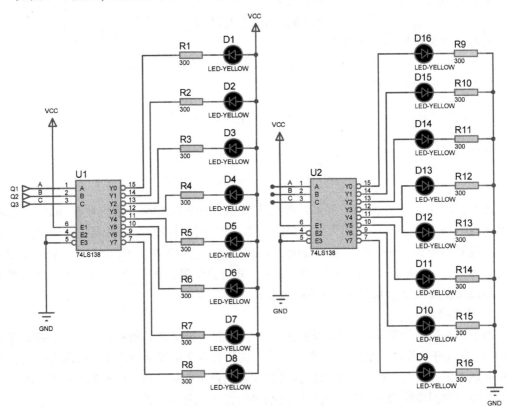

图 9-9　霓虹灯模块

这两个霓虹灯驱动电路由 74LS138 芯片与 LED 构成。对于霓虹灯驱动电路 1，为了控制不同的 LED 发光，在 VCC 端接入电源正极，通过 74LS138 芯片控制 LED 的阴极为低电平，此时 LED 导通而发光，否则 LED 的阴极为高电平（不发光）；对于霓虹灯驱动电路 2，为了控制不同的 LED 熄灭，在 GND 端接入电源负极，通过 74LS138 芯片控制 LED 的阳极为低电平，此时 LED 不导通（不发光），否则 LED 的阳极为高电平（发光）。74LS138 芯片真值表如表 9-2 所示。

表 9-2   74LS138 芯片真值表

E1	E2	E3	C	B	A	Y0	Y1	Y2	Y3	Y4	Y5	Y6	Y7
0	—	—	—	—	—	1	1	1	1	1	1	1	1
—	1	—	—	—	—	1	1	1	1	1	1	1	1
—	—	1	—	—	—	1	1	1	1	1	1	1	1
1	0	0	0	0	0	0	1	1	1	1	1	1	1
1	0	0	0	0	1	1	0	1	1	1	1	1	1
1	0	0	0	1	0	1	1	0	1	1	1	1	1
1	0	0	0	1	1	1	1	1	0	1	1	1	1
1	0	0	1	0	0	1	1	1	1	0	1	1	1
1	0	0	1	0	1	1	1	1	1	1	0	1	1
1	0	0	1	1	0	1	1	1	1	1	1	0	1
1	0	0	1	1	1	1	1	1	1	1	1	1	0

当给霓虹灯模块输入"000"和"111"，对霓虹灯模块进行仿真，如图 9-10 所示。从仿真结果来看，霓虹灯模块的输入信号和输出信号符合 74LS138 芯片真值表。

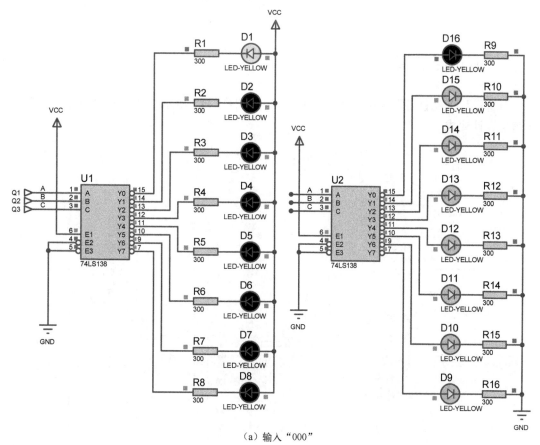

（a）输入"000"

图 9-10   霓虹灯模块仿真

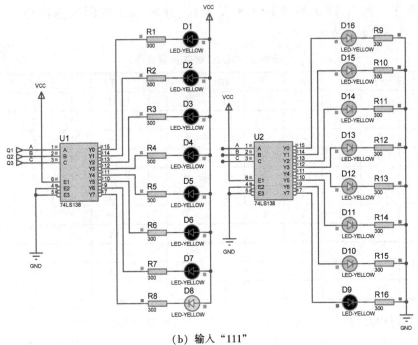

（b）输入"111"

图 9-10　霓虹灯模块仿真（续）

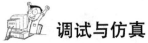 调试与仿真

对所设计的霓虹灯驱动电路系统进行仿真，如图 9-11 所示。从仿真结果来看，该系统满足设计要求。

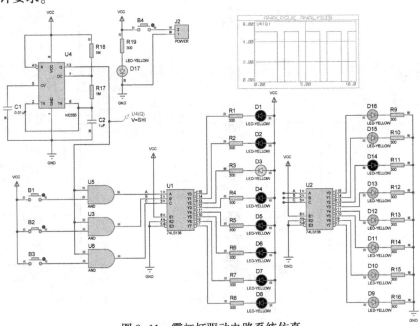

图 9-11　霓虹灯驱动电路系统仿真

80

电路板布线图（见图 9-12）

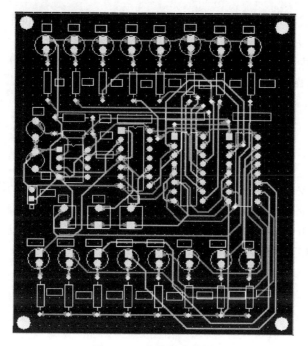

图 9-12　电路板布线图

 实物照片（见图 9-13）

图 9-13　实物照片

思考与练习

（1）请计算本设计中由 NE555 芯片构成的多谐振荡器的振荡频率。

答： $f \approx 1.43/\left[\left(R_{17}+2R_{18}\right)C_2\right] \approx 0.5\mathrm{Hz}$

（2）在本设计中，当给 3—8 译码器输入"000"时，D8 能亮吗？

答： 当给 3—8 译码器输入"000"时，D8 不能亮，D1 亮。

 特别提醒

（1）可根据需要，对由 NE555 芯片构成的多谐振荡器的频率进行改变。

（2）可根据需要，变换 LED 的色彩。

（3）当完成霓虹灯驱动电路系统各模块设计后，必须对各模块进行适当的连接，并考虑元器件之间的相互影响。

项目 10 基于 L298N 芯片的直流电动机驱动电路系统设计

 设计任务

设计一个基于 L298N 芯片的直流电动机驱动电路，以控制直流电动机的正转、反转、停止功能。

 基本要求

☺ 控制信号电压为直流 5V。
☺ 直流电动机电压为 3 ～ 46V。
☺ 带正转、反转指示灯和电源指示灯。
☺ 能够实现两路直流电动机的正转、反转功能。

总体思路

本设计主要运用 L298N 芯片来分别驱动两路直流电动机，并通过 LED 判断直流电动机的运行状态。

系统组成

整个基于 L298N 芯片的直流电动机驱动电路系统主要分为以下 3 个模块。
☺ 电源模块：为整个电路提供稳定电压。
☺ 控制信号模块。
☺ 直流电动机驱动模块：可驱动两路直流电动机。
☺ 直流电动机模块。
基于 L298N 芯片的电动机驱动电路系统框图如图 10-1 所示。

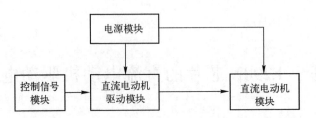

图 10-1　基于 L298N 芯片的电动机驱动电路系统框图

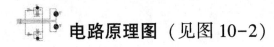 **电路原理图**（见图 10-2）

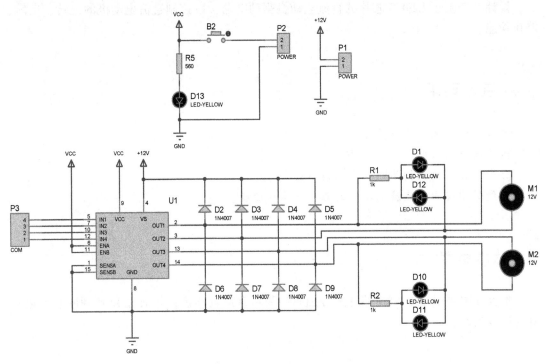

图 10-2　电路原理图

 模块详解

1. 电源模块

由于要给整个系统供电，所以必须设计一个直流稳压电源。这里为了设计方便，直接通过一个两引脚排针，外接 5V 和 12V 电源对整个系统进行供电，并通过 LED 指示电源是否供电正常，如图 10-3 所示。

在图 10-3 中，P1 外接 12V 电源和地，P2 外接 5V 电源和地，B2 是开关，D13 是 LED。当外接 5V 电源后，闭合开关 B2，如果 D13 亮了，就说明外接 5V 电源供电正常。

2. 控制信号模块

由于需要外界信号来控制直流电动机的转动和转向，所以这里设计了一个控制信号模块，以便外界信号的输入，如图10-4所示。

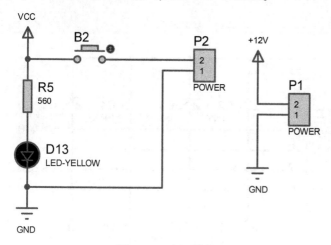

图 10-3 电源模块

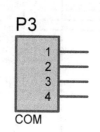

图 10-4 控制信号模块

在图10-4中，控制信号模块的1～4引脚分别接L298N芯片的IN1～IN4引脚。IN1～IN4引脚信号与直流电动机运行状态的关系如表10-1所示。为了便于仿真，用开关模块代替了控制信号模块，如图10-5所示。

表 10-1 IN1～IN4 引脚信号与直流电动机运行状态的关系

IN1	IN2	直流电动机 1	IN3	IN4	直流电动机 2
0	0	停止	0	0	停止
0	1	反转	0	1	反转
1	0	正转	1	0	正转
1	1	停止	1	1	停止

3. 直流电动机驱动模块

如图10-6所示，这里所使用的直流电动机驱动芯片是L298N芯片。

在图10-6中，U1为L298N芯片，D2～D9为二极管。L298N芯片是一种高电压、大电流电动机驱动芯片，内部包含4通道逻辑驱动电路，并采用15引脚封装。L298N芯片的主要特点是：工作电压高，最高工作电压可达46V；输出电流大，瞬间峰值电流可达3A，持续工作电流为2A；最大功率为25W；内含两个H桥的高电压、大电流全桥式驱动器，可以用来驱动直流电动机和步进电动机、继电器线圈等感性负载；采用标准逻辑电平信号控制；具有两个使能控制端，在不受输入信号影响的情况下允许或禁

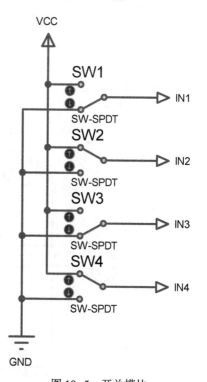

图 10-5 开关模块

止元器件工作；具有一个逻辑电源输入端，使内部逻辑电路部分在低电压下工作；可以外接检测电阻，将变化量反馈给控制电路。如果对电动机不进行调速，可将 L298N 芯片的 ENA 和 ENB 引脚置高电平。8 个二极管 D2 ～ D9 起保护电路的作用。

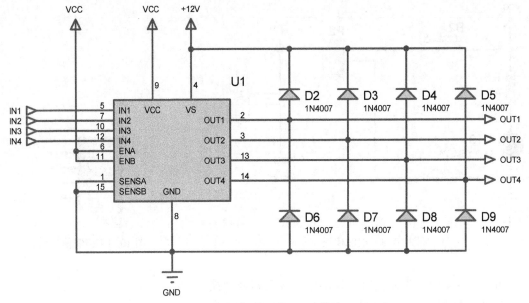

图 10-6　直流电动机驱动模块

4. 直流电动机模块

直流电动机模块如图 10-7 所示。

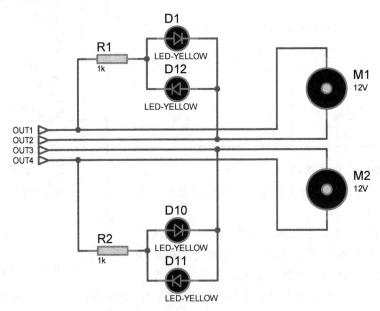

图 10-7　直流电动机模块

当 L298N 芯片的 IN1 引脚为高电平、IN2 引脚为低电平时，直流电动机 M1 正转且 D1 亮；当 L298N 芯片的 IN3 引脚为高电平、IN4 引脚为低电平时，直流电动机 M2 正转且

86

D11 亮，如图 10-8（a）所示。当 L298N 芯片的 IN1 引脚为低电平、IN2 引脚为高电平时，直流电动机 M1 反转且 D12 亮；当 L298N 芯片的 IN3 引脚为低电平、IN4 引脚为高电平时，直流电动机 M2 正转且 D10 亮，如图 10-8（b）所示。当 L298N 芯片的 IN1 和 IN2 引脚为相同电平时，直流电动机 M1 停止，如图 10-8（c）所示；当 L298N 芯片的 IN3 和 IN4 引脚为相同电平时，直流电动机 M2 停止，如图 10-8（d）所示。

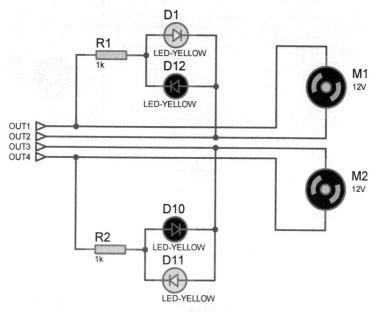

（a）直流电动机M1正转，直流电动机M2正转

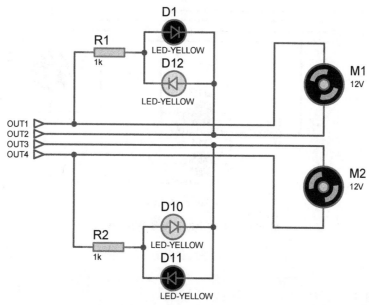

（b）直流电动机M1反转，直流电动机M2正转

图 10-8　直流电动机模块仿真

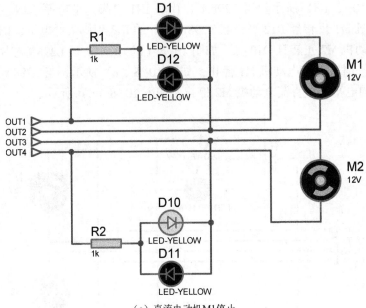

（c）直流电动机M1停止

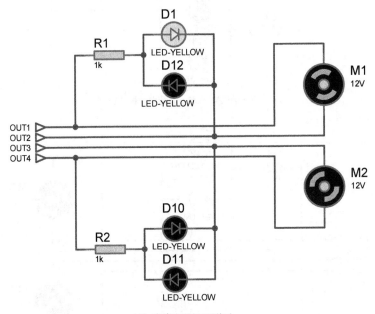

（d）直流电动机M2停止

图10-8　直流电动机模块仿真（续）

 调试与仿真

　　对所设计的基于L298N芯片的直流电动机驱动电路系统进行仿真，如图10-9所示。从仿真结果来看，该系统满足设计要求。

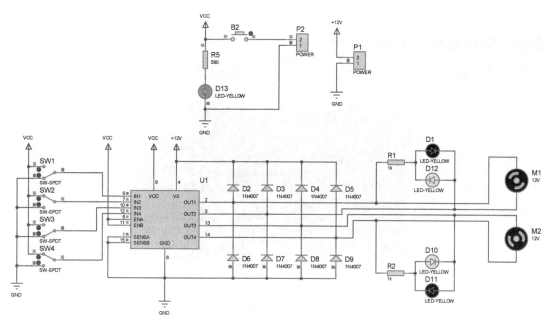

图 10-9　直流电动机驱动电路系统仿真

 电路板布线图（见图 10-10）

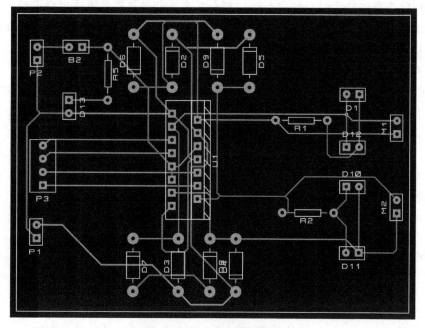

图 10-10　电路板布线图

实物照片（见图 10-11）

图 10-11　实物照片

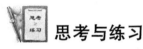 **思考与练习**

（1）直流电动机驱动模块中的 8 个二极管的作用是什么？

答：由于使用的直流电动机是线圈式的，当直流电动机从运行状态突然转换到停止状态或从正转状态突然转换到反转状态时，都会在直流电动机驱动模块中形成很大的反向电流。在直流电动机驱动模块中加入二极管的作用就是将这个反向电流进行泄流，以保护 L298N 芯片的安全。

（2）本设计是如何实现直流电动机的正转、反转和停止的？

答：如果 L298N 芯片的 IN1 引脚为高电平、IN2 引脚为低电平，直流电动机 M1 正转；如果 L298N 芯片的 IN1 引脚为低电平、IN2 引脚为高电平，直流电动机 M1 反转。如果 L298N 芯片的 IN3 引脚为高电平、IN4 引脚为低电平，直流电动机 M2 正转；反之，如果 L298N 芯片的 IN3 引脚为低电平、IN4 引脚为高电平，直流电动机 M1 反转。如果 L298N 芯片的 IN1 和 IN2 引脚接相同电平，直流电动机 M1 停止；如果 L298N 芯片的 IN3 和 IN4 引脚接相同电平，直流电动机 M2 停止。

 特别提醒

（1）当完成基于 L298N 芯片的直流电动机驱动电路系统各模块设计后，必须对各模块进行适当的连接，并考虑元器件之间的相互影响。

（2）当完成基于 L298N 芯片的直流电动机驱动电路系统设计后，要测试该系统能否驱动两路直流电动机，并能完成直流电动机的正转、反转、停止测试。

项目 11　脉冲变压器驱动电路系统设计

设计任务

设计一个简单的脉冲变压器驱动电路，使其产生方波信号，然后经达林顿管放大该方波信号以驱动脉冲变压器工作。

基本要求

☺ 多谐振荡器产生 20kHz 左右且占空比小于 50% 的方波信号。
☺ 使用 12V 供电电压。
☺ 运用达林顿管放大多谐振荡器的输出信号，以驱动脉冲变压器工作。

总体思路

本设计利用 NE555 芯片构成一个能产生 20kHz 左右且占空比小于 50% 的方波信号的多谐振荡器，并运用达林顿管来放大这个方波信号，以驱动脉冲变压器工作。

系统组成

整个脉冲变压器驱动电路系统主要分为以下 3 个模块。
☺ 电源模块。
☺ 多谐振荡器模块：输出具有一定占空比和一定频率的方波信号。
☺ 达林顿管控制脉冲变压器模块。
脉冲变压器驱动电路系统框图如图 11-1 所示。

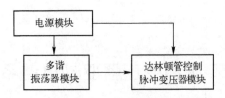

图 11-1　脉冲变压器驱动电路系统框图

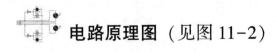 **电路原理图**（见图 11-2）

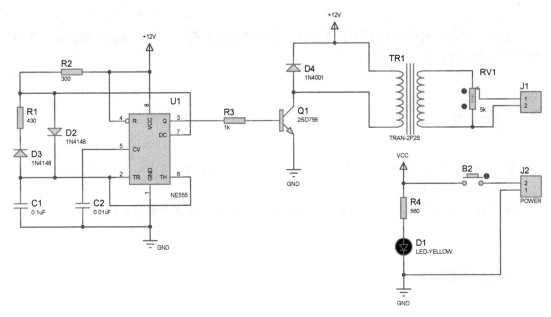

图 11-2　电路原理图

 模块详解

1. 电源模块

由于要给整个系统供电，所以必须设计一个直流稳压电源。这里为了设计方便，直接通过一个两引脚排针，外接 5V 和 12V 电源对整个系统进行供电，并通过 LED 指示电源是否供电正常，如图 11-3 所示。

在图 11-3 中，J2 是外接 5V 电源和地，B2 是开关，D1 是 LED。当外接 5V 电源后，闭合开关 B2，如果 D1 亮了，就说明外接 5V 电源供电正常。

2. 多谐振荡器模块

多谐振荡器模块如图 11-4 所示。

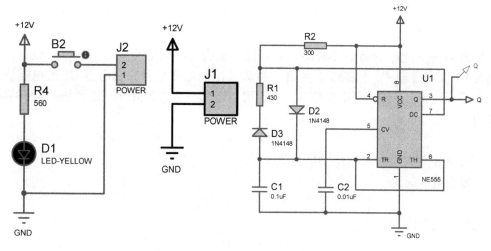

图 11-3　电源模块　　　　　　　　　图 11-4　多谐振荡器模块

　　NE555 芯片成本低、性能可靠，只要外接几个电阻、电容，就可以构成多谐振荡器以产生方波信号。NE555 芯片也常作为定时器广泛应用于仪器仪表、家用电器、电子测量及自动控制等方面。NE555 芯片的内部结构如图 11-5 所示。NE555 芯片的引脚如图 11-6 所示。

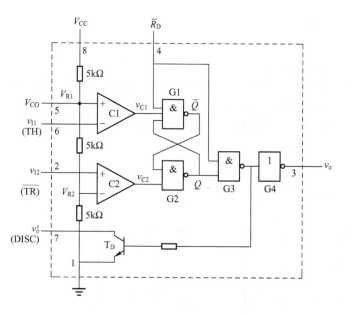

图 11-5　NE555 芯片的内部结构

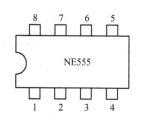

图 11-6　NE555 芯片的引脚

　　NE555 芯片的功能主要由两个电压比较器来实现。两个电压比较器的输出电压控制 RS 触发器的状态。在 NE555 芯片的 8 引脚和 1 引脚之间加上电压，当 NE555 芯片的 5 引脚悬空时，则电压比较器 C1 的同相输入端电压为 $2V_{CC}/3$，电压比较器 C2 的反相输入端电压为 $V_{CC}/3$。若 NE555 芯片的 2 引脚电压小于 $V_{CC}/3$，则电压比较器 C2 输出低电平信号，可使 RS 触发器置 1。如果 NE555 芯片的 6 引脚电压大于 $2V_{CC}/3$，同时 NE555 芯片的

2 引脚电压大于 $V_{cc}/3$，则电压比较器 C1 输出低电平信号，电压比较器 C2 输出高电平信号，可将 RS 触发器置 0。

由图 11-4 可知，NE555 芯片的 2 引脚与 6 引脚之间的电容 C1 起到充/放电的作用。在电容 C1 充电过程中，NE555 芯片的 3 引脚输出高电平信号，在电容 C1 放电过程中，NE555 芯片的 3 引脚输出低电平信号，从而可以得到一个方波信号。这个方波信号的振荡周期为

$$T = T_1 + T_2$$

式中，T_1 为电容充电时间；T_2 为电容放电时间。

电容充电时间为

$$T_1 = R_2 C_1 \ln 2 \approx 0.7 R_2 C_1$$

电容放电时间为

$$T_2 = R_1 C_1 \ln 2 \approx 0.7 R_1 C_1$$

从而，方波信号的振荡周期为

$$T = T_1 + T_2 = (R_1 + R_2) C_1 \ln 2 \approx 0.7 (R_1 + R_2) C_1$$

方波信号的振荡频率为

$$f = \frac{1}{T} \approx 1.43 / [(R_1 + R_2) C_1]$$

方波信号的占空比为

$$q = \frac{T_1}{T} = R_2 / (R_1 + R_2)$$

因此，改变 R_1、R_2 和 C_1 就可以改变方波信号的振荡频率。这里利用 NE555 芯片设计一个能产生 20kHz 左右且占空比小于 50% 的方波信号的多谐振荡器，初步设定 R_1 为 430Ω、R_2 为 300Ω、C_1 为 0.1μF，得出占空比 q 约为 41.1%。对多谐振荡器模块进行仿真，其仿真结果如图 11-7 所示。从仿真结果来看，多谐振荡器能产生 20kHz 左右且占空比小于 50% 的方波信号。

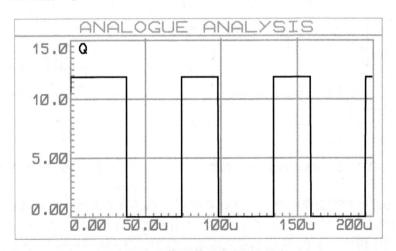

图 11-7　多谐振荡器模块仿真结果

3. 达林顿管控制脉冲变压器模块

如图 11-8 所示，这里所使用的是 12V/20kHz 的脉冲变压器。

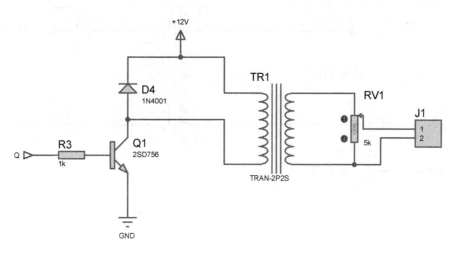

图 11-8　达林顿管控制脉冲变压器模块

在图 11-8 中，Q1 为达林顿管，TR1 为脉冲变压器。脉冲变压器是电子变压器的一种特殊类型，它所变换的不是正弦电压，而是接近矩形的单极性脉冲电压。脉冲变压器现已被广泛应用于各种电子设备之中。

脉冲变压器的基本原理与一般普通变压器（如音频变压器、电力变压器、电源变压器等）基本相同，但存在以下区别。

（1）脉冲变压器是一个工作在暂态中的变压器。也就是说，脉冲变压器输出的脉冲电压是在短暂的时间内产生的。这个脉冲电压是一个顶部平滑的方波信号。一般普通变压器输出的是按正弦波形连续变化的电压。

（2）脉冲变压器输出的脉冲电压是周期重复的、具有一定间隔的，且只有正电压或负电压；而一般普通变压器输出的电压是连续重复的，既有正电压，也有负电压。

（3）要求脉冲变压器输出的电压波形在传输时不失真，也就是要求这个脉冲电压波形的上升沿、下降沿都要尽可能陡。

脉冲变压器有若干个二次绕组，以便得到几个不同幅值的脉冲电压。这里所使用的脉冲变压器的工作电压为 12V，工作频率为 20kHz，

当 NE555 芯片的 3 引脚电压为高电平时，达林顿管 Q1 导通；当 NE555 芯片的 3 引脚电压为低电平时，达林顿管 Q1 关断。达林顿管还起到放大电流的作用，用来驱动脉冲变压器正常工作。为了便于仿真，对达林顿管控制脉冲变压器模块进行简化，其仿真如图 11-9 所示。达林顿管控制脉冲变压器模块仿真结果如图 11-10 所示。

从仿真结果来看，当给脉冲变压器输入 12V/20kHz 的脉冲电压时，将一、二次绕组的比值改为 1:400，这样就可以使脉冲变压器输出 120V/20kHz 的脉冲电压，以满足设计要求。

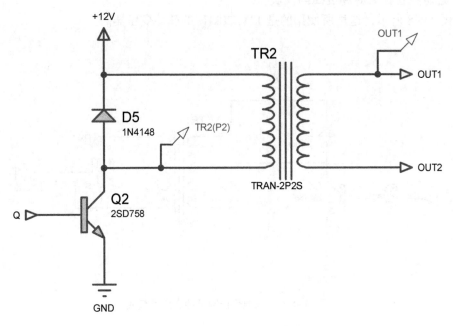

图 11-9　达林顿管控制脉冲变压器模块仿真

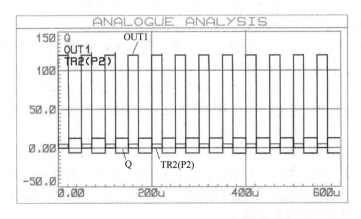

图 11-10　达林顿管控制脉冲变压器模块仿真结果

 调试与仿真

对所设计的脉冲变压器驱动电路系统进行仿真，如图 11-11 所示。从仿真结果来看，该系统满足设计要求。

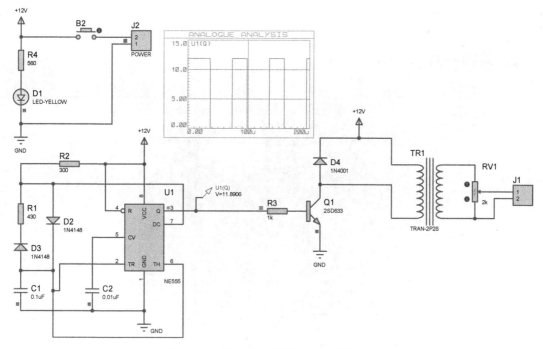

图 11-11　脉冲变压器驱动电路系统仿真

 电路板布线图（见图 11-12）

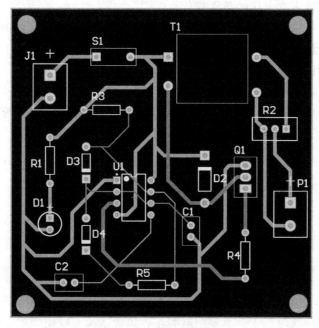

图 11-12　电路板布线图

实物照片（见图 11-13）

图 11-13 实物照片

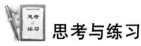 **思考与练习**

（1）脉冲变压器正常工作的条件是什么？

答：要使脉冲变压器正常工作，必须要给脉冲变压器的一次绕组加上占空比小于50%的一定频率的方波信号。

（2）达林顿管的导通条件是什么？

答：达林顿管的导通条件为 $U_e > U_b$。

（3）在本设计中，若多谐振荡器产生 20kHz 的占空比为 40% 左右的方波信号，则 C_1、R_1 和 R_2 为多少？

答：根据 $f = \dfrac{1}{T} \approx 1.43 / [(R_1 + R_2)C_1]$，占空比 $= \dfrac{R_2}{R_1 + R_2} \times 100\%$，则 C_1 为 $0.1\mu F$，R_2 为 300Ω，R_1 为 430Ω。

 特别提醒

（1）焊接 PCB 之前，首先要测试 PCB 有无短路。

（2）接入电源模块时，千万不要把电源正、负极接反，以免烧毁元器件。

项目 12　H 桥电动机驱动电路系统设计

设计任务

设计一个通过 MOS 管的导通、关断来控制电动机分别处于正转、反转、抱死和滑行状态的电路。此外，还要设计一个由 NE555 芯片构成的多谐振荡器，使其产生占空比可调的方波信号，以实现对电动机的调速。

基本要求

☺ 多谐振荡器产生占空比可调的方波信号。
☺ 电动机的供电电压为 12V。

总体思路

由多谐振荡器输出的方波信号作为本设计的输入信号，以实现对电动机的调速，以及对电动机运行状态的控制。

系统组成

整个 H 桥电动机驱动电路系统主要分为以下几个模块。
☺ 电源模块和升压电路模块。
☺ 多谐振荡器模块：输出占空比可调和一定频率的方波信号。
☺ H 桥模块。
H 桥电动机驱动电路系统框图如图 12-1 所示。

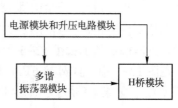

图 12-1　H 桥电动机驱动电路系统框图

电路原理图（见图 12-2）

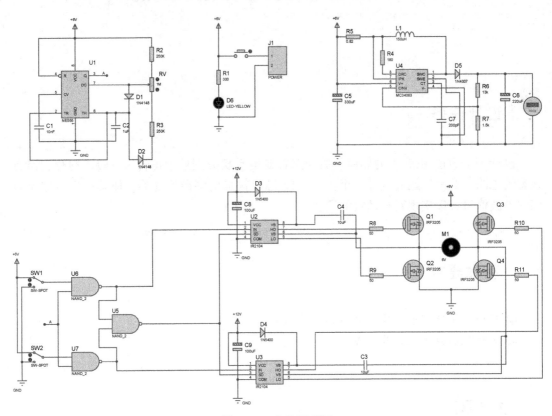

图 12-2　电路原理图

模块详解

1. 电源模块和升压模块

由于要给整个系统供电，所以必须设计一个直流稳压电源和一个升压电路。这里为了设计方便，直接通过一个两引脚排针，外接 6V 电源对整个系统进行供电，并通过 LED 指示电源是否供电正常，如图 12-3 所示；将 6V 电压升压后对元器件进行供电，如图 12-4 所示。升压模块仿真如图 12-5 所示。

在图 12-3 中，J1 外接 6V 电源和地，B1 是开关，D1 是 LED。当外接 6V 电源后，闭合开关 B1，如果 D1 亮了，就说明外接 6V 电源供电正常。

在图 12-4 中，U2 是升压器件 MC34063 芯片。当供电正常后，升压电路输出 12V 电压，给其他元器件供电。

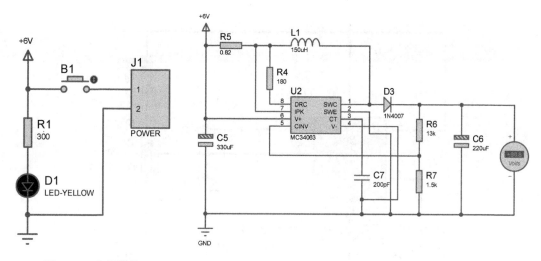

图 12-3 电源模块

图 12-4 升压模块

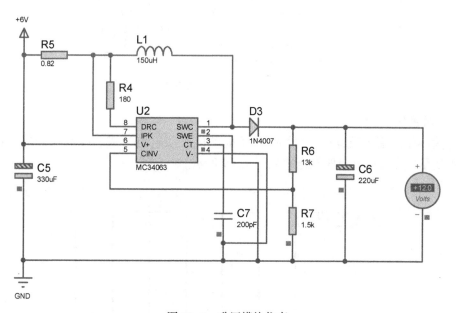

图 12-5 升压模块仿真

2. 多谐振荡器模块

由于需要方波信号来控制电动机的转速，所以设计了多谐振荡器来产生占空比可调的方波信号。多谐振荡器模块如图 12-6 所示。

为了便于仿真观察，使多谐振荡器产生频率为 1Hz、占空比可调的方波信号。当滑动变阻器的滑片处于 50% 位置时，方波信号占空比为 1/2，其仿真波形如图 12-7（a）所示；当滑动变阻器的滑片处于 100% 位置时，方波信号占空比为 2/3，其仿真波形如图 12-7（b）所示。

101

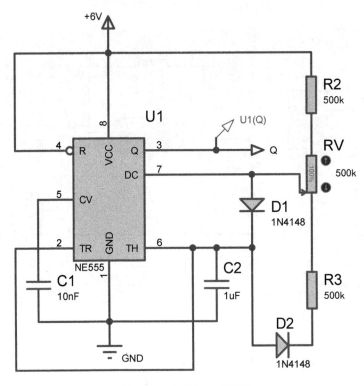

图 12-6　多谐振荡器模块

3. H 桥模块

H 桥模块由控制信号输入电路和 H 桥电动机驱动电路组成。控制信号输入电路如图 12-8 所示。H 桥电动机驱动电路如图 12-9 所示。

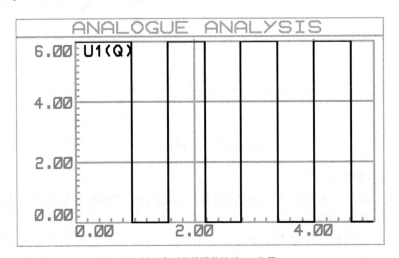

（a）滑动变阻器的滑片处于50%位置

图 12-7　方波信号的仿真波形

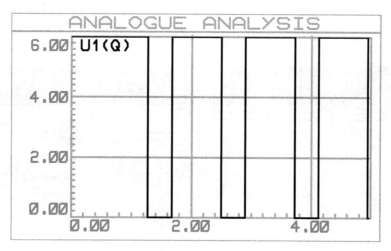

（b）滑动变阻器的滑片处于100%位置

图 12-7　方波信号的仿真波形（续）

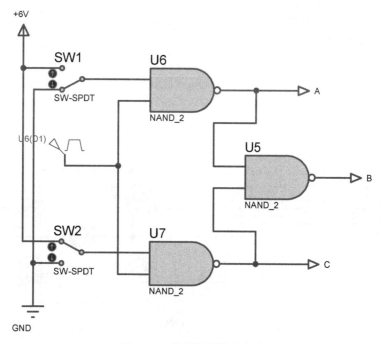

图 12-8　控制信号输入电路

在图 12-9 中，Q1 ～ Q4 为 MOS 管，U2、U3 为 IR2104 芯片。IR2104 芯片是一块半桥驱动芯片，工作电压为 12V，通过其输出端即可实现对 MOS 管及电动机的控制。

当 SW1 处于高电平状态、SW2 处于低电平状态时，通过 IR2104 芯片驱动 MOS 管 Q1和 Q4 导通，电动机处于正转状态，如图 12-10（a）所示。

当 SW1 处于低电平状态、SW2 处于高电平状态时，通过 IR2104 芯片驱动 MOS 管 Q2和 Q3 导通，电动机处于反转状态，如图 12-10（b）所示。

当 SW1 和 SW2 均处于高电平状态时，电动机处于滑行状态。当 SW1 和 SW2 均处于低电平状态时，电动机处于抱死状态。改变输入的方波信号占空比，电动机的转速也随着变化。

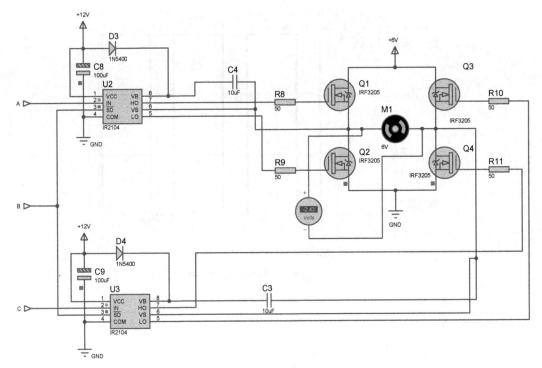

图 12-9　H 桥电动机驱动电路

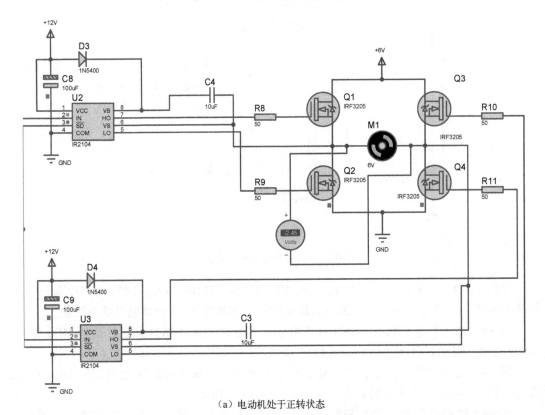

（a）电动机处于正转状态

图 12-10　H 桥电动机驱动电路仿真

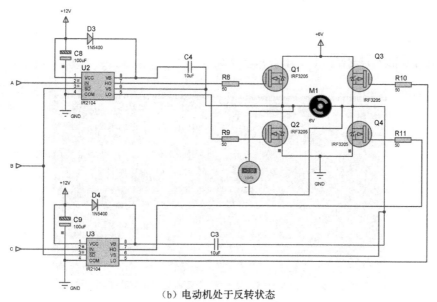

（b）电动机处于反转状态

图 12-10　H 桥电动机驱动电路仿真（续）

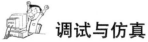

调试与仿真

对所设计的 H 桥电动机驱动电路系统进行仿真，如图 12-11 所示。从仿真结果来看，该系统满足设计要求。

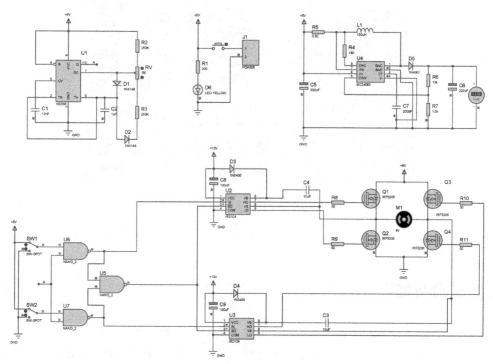

图 12-11　H 桥电动机驱动电路系统仿真

电路板布线图（见图 12-12）

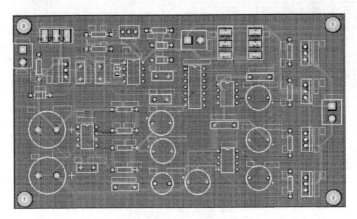

图 12-12　电路板布线图

 实物照片（见图 12-13）

图 12-13　实物照片

 思考与练习

（1）当 SW1 和 SW2 处于不同电平状态时，电动机处于什么状态？

答：当 SW1 和 SW2 都处于高电平状态时，电动机处于滑行状态；当 SW1 和 SW2 都处于低电平状态时，电动机处于抱死状态；当 SW1 处于高电平状态、SW2 处于低电平状态时，电动机处于正转状态；当 SW1 处于低电平状态、SW2 处于高电平状态时，电动机处于反转状态。

（2）多谐振荡器产生的方波信号的占空比如何计算？

答：电容的充电时间与方波信号的周期之比就是占空比。

（3）H 桥电动机驱动电路如何控制电动机的转向？

答：只有当 H 桥电动机驱动电路中处于对角位置的两个 MOS 管导通时，电动机才能转动；当 H 桥电动机驱动电路中处于另外对角位置的两个 MOS 管导通时，电动机转向发生变化。

 特别提醒

（1）在连接电源时，不要将其正、负极接反。

（2）开关的频率不要太高，防止烧坏 MOS 管。

（3）在电源接通后，再对电动机供电。

项目 13 脉冲宽度调制电动机驱动电路系统设计

设计任务

设计一个简单的脉冲宽度调制电动机驱动电路，使其产生脉冲宽度调制信号，以驱动 NPN 型三极管和直流电动机。

基本要求

利用 NE555 芯片构成多谐振荡器，产生脉冲宽度调制信号以使 NPN 型三极管产生导通、关断与放大信号，从而控制直流电动机的转动和转速。
☺ 多谐振荡器产生有一定占空比的脉冲宽度调制信号。
☺ 使用 12V 供电电压，为 NE555 芯片和直流电动机供电。
☺ 在直流电动机两端并联二极管，以对直流电动机进行保护。

总体思路

本设计核心就是通过多谐振荡器产生脉冲宽度调制信号，由 NPN 型三极管控制直流电动机的转动和转速。其中，脉冲宽度调制信号的占空比的变化可通过改变滑动电阻器的滑片位置来实现。

系统组成

整个脉冲宽度调制电动机驱动电路系统主要分为以下 3 个模块。
☺ 电源模块。
☺ 多谐振荡器模块：输出脉冲宽度调制信号。
☺ NPN 型三极管控制直流电动机模块：通过三极管的导通、关断及放大信号控制直流电动机的转动。
脉冲宽度调制电动机驱动电路系统框图如图 13-1 所示。

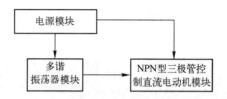

图 13-1　脉冲宽度调制电动机驱动电路系统框图

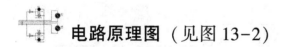 **电路原理图**（见图 13-2）

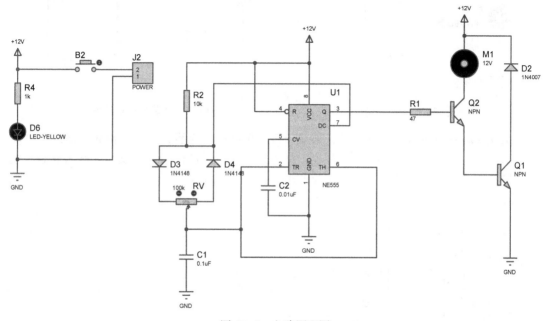

图 13-2　电路原理图

 模块详解

1. 电源模块

由于要给整个系统供电，所以必须设计一个直流稳压电源。这里为了设计方便，直接通过一个两引脚排针，外接 12V 电源对整个系统进行供电，并通过 LED 指示电源是否供电正常，如图 13-3 所示。

在图 13-3 中，J2 外接 12V 电源和地，B2 是开关，D1 是 LED。当外接 5V 电源后，闭合开关 B2，如果 D1 亮了，就说明外接 12V 电源供电正常。

2. 多谐振荡器模块

由于需要方波信号来控制 NPN 型三极管导通或关断，从而间接控制直流电动机的转

109

动，所以设计了一个由 NE555 芯片构成的多谐振荡器来产生脉冲宽度调制信号。多谐振荡器模块如图 13-4 所示。

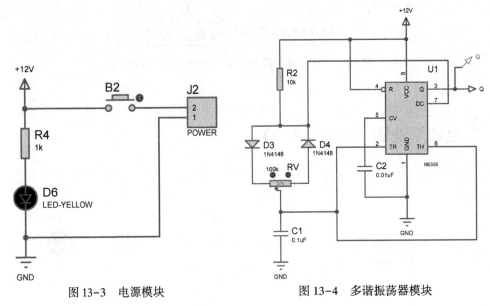

图 13-3　电源模块　　　　　　　　　　图 13-4　多谐振荡器模块

NE555 芯片成本低、性能可靠，只要外接几个电阻、电容，就可以构成多谐振荡器以产生脉冲宽度调制信号。NE555 芯片也常作为定时器广泛应用于仪器仪表、家用电器、电子测量及自动控制等方面。NE555 芯片的内部结构如图 13-5 所示。NE555 芯片的引脚如图 13-6 所示。

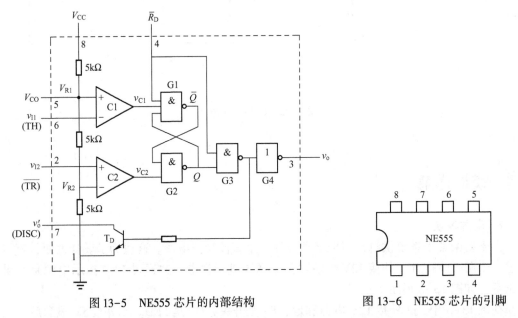

图 13-5　NE555 芯片的内部结构　　　　　图 13-6　NE555 芯片的引脚

NE555 芯片的功能主要由两个电压比较器来实现。两个电压比较器的输出电压控制 RS 触发器的状态。在 NE555 芯片的 8 引脚和 1 引脚之间加上电压，当 NE555 芯片的 5 引脚悬空时，则电压比较器 C1 的同相输入端电压为 $2V_{CC}/3$，电压比较器 C2 的反相输入端

电压为 $V_{CC}/3$。若 NE555 芯片的 2 引脚电压小于 $V_{CC}/3$，则电压比较器 C2 输出低电平信号，可使 RS 触发器置 1。如果 NE555 芯片的 6 引脚电压大于 $2V_{CC}/3$，同时 NE555 芯片的 2 引脚电压大于 $V_{CC}/3$，则电压比较器 C1 输出低电平信号，电压比较器 C2 输出高电平信号，可将 RS 触发器置 0。

由图 13-4 可知，NE555 芯片的 2 引脚与 6 引脚之间的电容 C1 起到充/放电的作用在电容 C1 充电过程中，NE555 芯片的 3 引脚输出高电平信号，在电容 C1 放电过程中，NE555 芯片的 3 引脚输出低电平信号，从而可以得到一个方波信号。这个方波信号（脉冲宽度调制信号）的振荡周期为

$$T = T_1 + T_2$$

式中，T_1 为电容充电时间；T_2 为电容放电时间。

电容充电时间为

$$T_1 = (R_2 + R_{V1}) C_1 \ln 2 \approx 0.7 (R_2 + R_{V1}) C_1$$

电容放电时间为

$$T_2 = R_{V2} C_1 \ln 2 \approx 0.7 R_{V2} C_1$$

从而，脉冲宽度调制信号的振荡周期为

$$T = T_1 + T_2 = (R_2 + R_V) C_1 \ln 2 \approx 0.7 (R_2 + R_V) C_1$$

式中，$R_V = R_{V1} + R_{V2}$。

脉冲宽度调制信号的振荡频率为

$$f = \frac{1}{T} \approx 1.43 / [(R_2 + R_V) C_1]$$

脉冲宽度调制信号的占空比为

$$q = \frac{T_1}{T} = (R_2 + R_{V1}) / (R_2 + R_V)$$

因此，改变 R_V 就可以改变脉冲宽度调制信号的振荡频率。这里要利用 NE555 芯片构成多谐振荡器以产生脉冲宽度调制信号，从而控制 12V 直流电动机的转动和转速。初步设定 R_2 为 10kΩ、R_V 为 100kΩ、C_1 为 0.1μF。对多谐振荡器模块进行仿真，当滑动变阻器的滑片处于 0% 位置时，其仿真结果如图 13-7（a）所示；当滑动变阻器的滑片处于 100% 位置时，其仿真结果如图 13-7（b）所示。从仿真结果来看，本设计的多谐振荡器可以产生脉冲宽度调制信号。

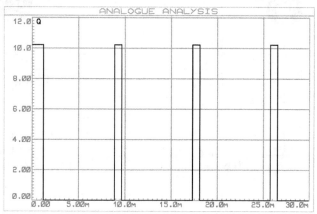

（a）滑动变阻器的滑片处于 0% 位置

图 13-7　多谐振荡器模块仿真结果

111

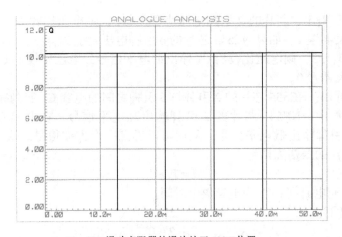

（b）滑动变阻器的滑片处于100%位置

图 13-7　多谐振荡器模块仿真结果（续）

3. NPN 型三极管控制直流电动机模块

NPN 型三极管控制直流电动机模块如图 13-8 所示。

在图 13-8 中，Q1 和 Q2 为 NPN 型三极管，M1 是直流电动机，它们的供电电压均为 12V。

当 Q2 的基极为高电平时，Q2 导通，M1 转动；当 Q2 的基极为低电平时，Q2 关断，电动机停止。可以通过 Q2 导通时间的长短来改变 M1 转速，即脉冲宽度调制信号占空比越大，Q2 导通时间越长，M1 转速越快；脉冲宽度调制信号占空比越小，Q2 导通时间越短，M1 转速越慢。如图 13-9 所示，对 NPN 型三极管控制直流电动机模块进行仿真，当滑动变阻器的滑片处于 0%位置时，其仿真波形如图 13-10（a）所示；当滑动变阻器的滑片处于 100%位置时，其仿真波形如图 13-10（b）所示。从仿真结果可以看出，当脉冲宽度调制信号的占空比变化时，M1 的转速也会变化。

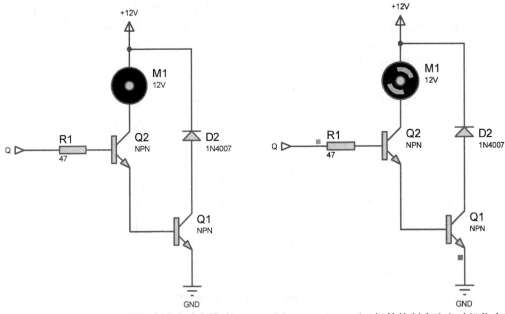

图 13-8　NPN 型三极管控制直流电动机模块　　　图 13-9　NPN 型三极管控制直流电动机仿真

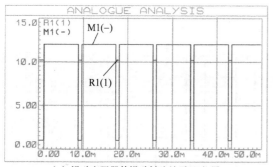
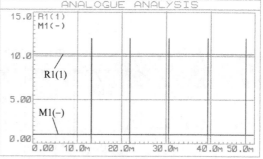

（a）滑动变阻器的滑动触头处于0%位置　　　　　　（b）滑动变阻器的滑动触头处于100%位置

图 13-10　直流电动机转速仿真波形

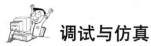 **调试与仿真**

对所设计的脉冲宽度调制电动机驱动电路系统进行仿真，如图 13-11 所示。脉冲宽度调制电动机驱动电路系统仿真结果如图 13-12 所示。从仿真结果来看，该系统满足设计要求。

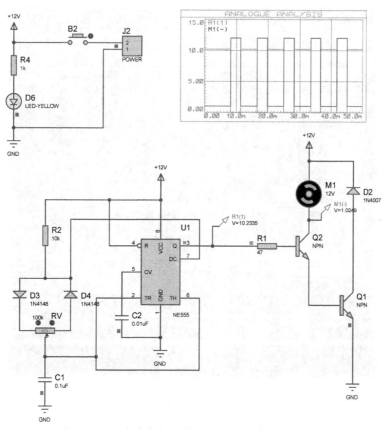

图 13-11　脉冲宽度调制电动机驱动电路系统仿真

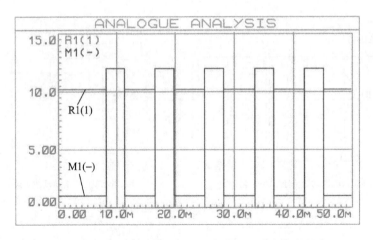

图 13-12　脉冲宽度调制电动机驱动电路系统仿真结果

电路板布线图（见图 13-13）

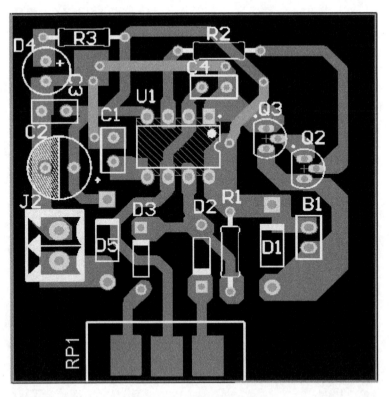

图 13-13　电路板布线图

114

实物照片（见图 13-14）

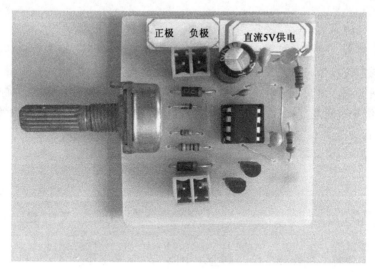

图 13-14　实物照片

 **思考与练习**

（1）什么是脉冲宽度调制？

答：脉冲宽度调制（Pulse Width Modulation，PWM）是一种对模拟信号电平进行数字编码的方法，就是通过对开关器件的通/断控制，使电路的输出信号变为一系列幅值相等的脉冲。如果按一定规则对各脉冲的宽度进行调制，便可改变输出信号的大小及频率。

（2）通过可控整流电路实现直流电动机的调压调速的优越性有哪些？

答：① 可控整流电路采用脉冲宽度调制（PWM）方式可以使负载在工作时得到最大的电源电压，这样有利于使电动机产生更大的力矩。

② 可控整流电路主电路线路简单，所用的功率器件少。

③ 可控整流电路开关频率高，电流容易连续，电极损耗及发热都较小。

④ 可控整流电路稳态精度高，调速范围宽。

⑤ 若可控整流电路与快速响应的电动机配合，则系统频带宽、动态响应快、动态抗干扰能力强。

⑥ 可控整流电路使用的功率开关器件工作在开关状态，通道损耗小，当开关频率适中时，开关损耗也不大，因而该电路效率高。

（3）怎样可以改变 PWM 信号的占空比？

答：PWM 信号如图 13-15 所示。以下三种方法都可以改变 PWM 信号的占空比。

115

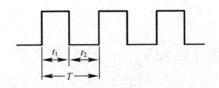

图 13-15　PWM 信号

① 定宽调频法：保持 t_1 不变，只改变 t_2，从而使周期 T（或频率）也随之改变。

② 调频调宽法：保持 t_2 不变，只改变 t_1，从而使周期 T（或频率）也随之改变。

③ 定频调宽法：使周期 T（或频率）保持不变，而同时改变 t_1 和 t_2。前两种方法由于改变了 PWM 信号的周期（或频率），当 PWM 信号的频率与系统的固有频率接近时，将会引起振荡，因此这两种方法很少被使用。目前，在直流电动机的控制中，主要使用定频调宽法。

 特别提醒

（1）一定不要将二极管接反，否则会使电路无法正常工作。

（2）当完成脉冲调制电动机驱动电路系统各模块设计后，必须对各模块进行适当连接，并考虑元器件之间的相互影响。

项目 14　步进电动机驱动电路系统设计

 设计任务

设计一个步进电动机驱动电路，以实现对步进电动机的转动和转向的控制。

 基本要求

☺ 控制信号电压为直流 5V，步进电动机的供电电压为直流 12V。
☺ 本设计能够实现对步进电动机的转动和转向的控制。
☺ 多谐振荡器能够产生一定频率和占空比的方波信号。

 总体思路

这里采用 L297 芯片作为驱动步进电动机的芯片。

系统组成

整个步进电动机驱动电路系统主要分为以下 5 个模块。
☺ 电源模块。
☺ 控制信号模块。
☺ 多谐振荡器模块。
☺ 步进电动机驱动模块。
☺ 步进电动机模块。
步进电动机驱动电路系统框图如图 14-1 所示。

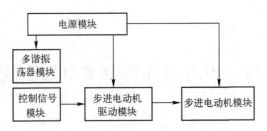

图 14-1 步进电动机驱动电路系统框图

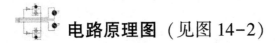 **电路原理图**（见图 14-2）

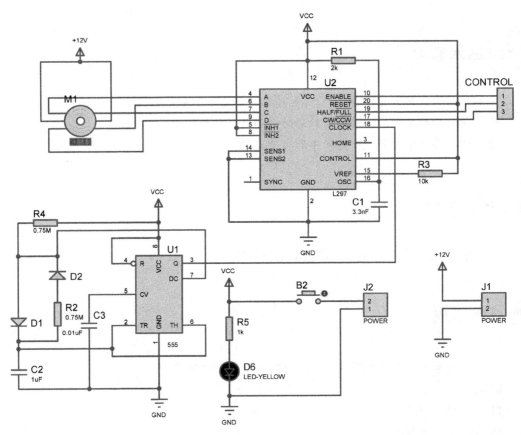

图 14-2 电路原理图

 模块详解

1. 电源模块

由于要给整个系统供电，所以必须设计一个直流稳压电源。这里为了设计方便，直接通过一个两引脚排针，外接 5V 和 12V 电源对整个系统进行供电，并通过 LED 指示电源是否供电正常，如图 14-3 所示。

在图 14-3 中，J1 外接 12V 电源和地，J2 外接 5V 电源和地，B2 是开关，D6 是 LED。当外接 5V 电源后，闭合开关 B2，如果 D6 亮了，就说明外接 5V 电源供电正常。

2. 控制信号模块

由于需要外部信号来控制步进电动机的转动和转向，所以这里设计了一个控制信号模块，以便外部信号的输入，如图 14-4 所示。

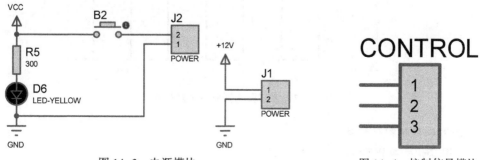

图 14-3　电源模块　　　　　　　　　图 14-4　控制信号模块

在图 14-4 中，控制信号模块的 1 引脚与 L297 芯片的 10 引脚相连，以控制步进电动机的停转；控制信号模块的 2 引脚与 L297 芯片的 19 引脚相连，以控制步进电动机的转动；控制信号模块的 3 引脚与 L297 芯片的 17 引脚相连，以控制步进电动机的转向。为了便于仿真，用开关模块代替了控制信号模块，如图 14-5 所示。

3. 多谐振荡器模块

输入 L297 芯片的时钟信号采用的是由 NE555 芯片构成的多谐振荡器产生的一定频率的方波信号。多谐振荡器模块如图 14-6 所示。为了便于仿真，使多谐振荡器产生 1Hz 的方波信号作为时钟信号。多谐振荡器模块仿真结果如图 14-7 所示。

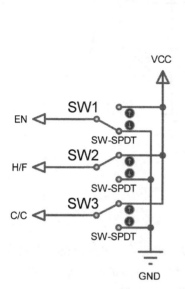

图 14-5　开关模块

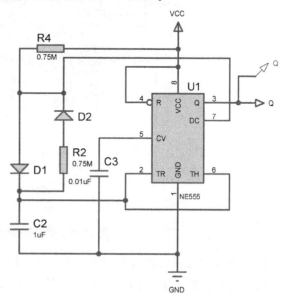

图 14-6　多谐振荡器模块

119

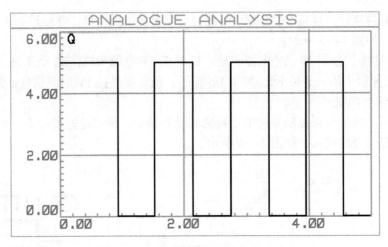

图 14-7　多谐振荡器模块仿真结果

4. 步进电动机驱动模块

步进电动机驱动模块如图 14-8 所示。

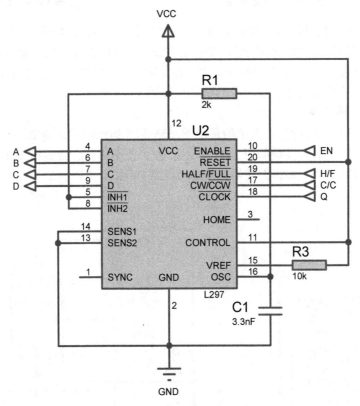

图 14-8　步进电动机驱动模块

　　L297 芯片是步进电动机专用控制器芯片，能产生 4 相控制信号，可控制两相双极和 4 相单极步进电动机，并能用单 4 拍、双 4 拍、4 相 8 拍方式来控制步进电动机。L297 芯片内的 PWM 斩波器电路可在开关模式下调节步进电动机绕组中的电流。

L297 芯片的 4、6、7、9 引脚输出的是 A、B、C、D 4 相驱动信号；L297 芯片的 10 引脚是使能输入端，当处于低电平状态时，4、6、7、9 引脚输出"0101"逻辑信号；L297 芯片的 11 引脚是斩波控制端，当处于高电平状态时，4、6、7、9 引脚信号起作用；L297 芯片的 17 引脚是转向控制端，当该引脚电平发生变化时，步进电动机转向也发生变化；L297 芯片的 18 引脚是时钟信号输入端；L297 芯片的 19 引脚是工作方式控制端，当处于高电平状态时，步进电动机为半步工作方式，当处于低电平状态时，步进电动机为全步工作方式；L297 芯片的 20 引脚是复位端。

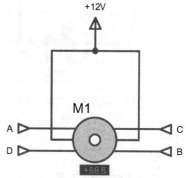

5. 步进电动机模块

步进电动机模块如图 14-9 所示。

图 14-9　步进电动机模块

当 L297 芯片的 10 引脚处于高、低电平状态时，步进电动机的状态如图 14-10 所示。

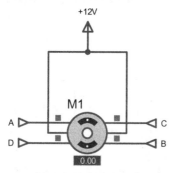

（a）L297芯片的10引脚处于低电平状态

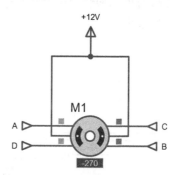

（b）L297芯片的10引脚处于高电平状态

图 14-10　步进电动机的状态（一）

当 L297 芯片的 17 引脚处于高、低电平状态时，步进电动机的状态如图 14-11 所示。

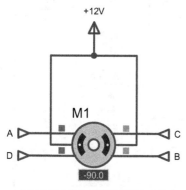

（a）L297芯片的17引脚处于低电平状态

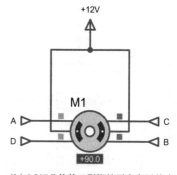

（b）L297芯片的17引脚处于高电平状态

图 14-11　步进电动机的状态（二）

当 L297 芯片的 19 引脚处于高、低电平状态时，步进电动机的状态如图 14-12 所示。

从仿真结果来看，L297 芯片可以驱动步进电动机，且能实现对步进电动机的转动和转向的控制。

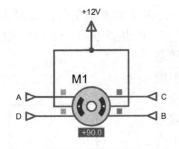

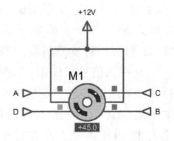

（a）L297芯片的19引脚处于低电平状态 　　　　（b）L297芯片的19引脚处于高电平状态

图 14-12　步进电动机的状态（三）

 调试与仿真

对所设计的步进电动机驱动电路系统进行仿真，如图 14-13 所示。从仿真结果来看，该系统满足设计要求。

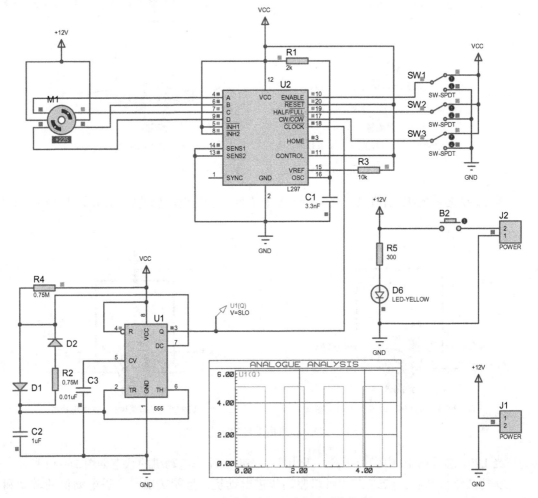

图 14-13　步进电动机驱动电路系统仿真

122

电路板布线图（见图 14-14）

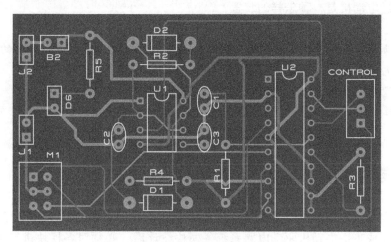

图 14-14　电路板布线图

 实物照片（见图 14-15）

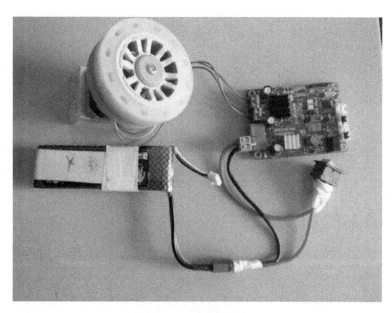

图 14-15　实物照片

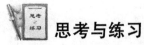 **思考与练习**

（1）步进电动机是一种怎样的装置？

答：步进电动机是一种将电脉冲信号转化为角位移的执行机构。

步进电动机的主要优点：具有较高的定位精度，无位置积累误差；特有的开环运行机制降低了系统生产成本，并具有可靠性。

（2）LM297 芯片控制步进电动机的方式有哪几种？

答：有单 4 拍、双 4 拍、4 相 8 拍 3 种方式。

 特别提醒

（1）一定不要将电源极性接反，否则会使步进电动机驱动电路系统无法正常工作。

（2）当完成步进电动机驱动电路系统各模块设计后，必须对各模块进行适当的连接，并考虑元器件之间的相互影响。

项目 15　有刷直流电动机驱动电路系统设计

 设计任务

设计一个有刷直流电动机驱动电路，使其产生方波信号，并通过 NPN 型三极管放大此信号来驱动有刷直流电动机转动。

 **基本要求**

☺ 多谐振荡器产生一定频率和占空比的方波信号。
☺ NPN 型三极管放大多谐振荡器产生的方波信号，以驱动有刷直流电动机转动。

总体思路

利用 NE555 芯片构成多谐振荡器，以产生具有一定占空比的方波信号，并能够调节方波信号的占空比，从而达到改变有刷直流电动机转速的目的。由于数字集成电路的输出电流比较小，所以运用 NPN 型三极管来放大 NE555 芯片的输出电流，以达到能驱动有刷直流电动机转动的目的。

系统组成

整个有刷直流电动机驱动电路系统主要分为以下 3 个模块。
☺ 电源模块。
☺ 多谐振荡器模块：输出具有一定占空比和一定频率的方波信号。
☺ NPN 型三极管控制有刷直流电动机模块：NPN 型三极管放大 NE555 芯片输出的毫安级小电流，使其达到有刷直流电动机正常工作的电流。
有刷直流电动机驱动电路系统框图如图 15-1 所示。

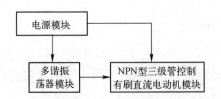

图 15-1　有刷直流电动机驱动电路系统框图

电路原理图（见图 15-2）

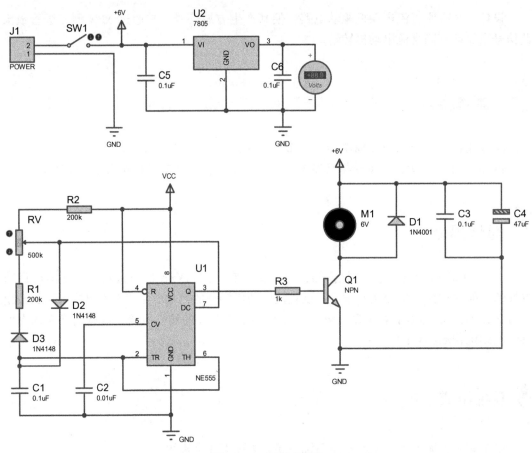

图 15-2　电路原理图

 模块详解

1. 电源模块

由于要给整个系统供电，所以必须设计一个直流稳压电源。这里为了设计方便，直接通过一个两引脚排针，外接 6V 电源对有刷直流电动机供电。再将 6V 电压经过稳压电路后，对多谐振荡器供电，如图 15-3 所示。

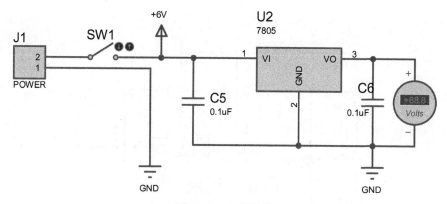

图 15-3　电源模块

在图 15-3 中，J2 外接 6V 电源和地，SW1 是开关，U2 是 7805 芯片。当外接 6V 电源后，闭合开关 SW1，7805 芯片的输出端产生 5V 左右的电压，如图 15-4 所示。

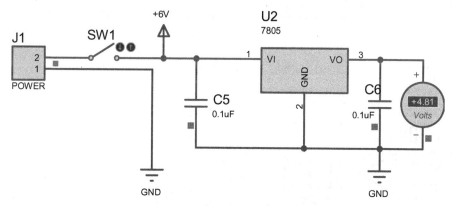

图 15-4　7805 芯片的输出端产生 5V 左右的电压

2. 多谐振荡器模块

由于需要方波信号来控制 NPN 型三极管导通或关断，从而来间接控制 MOS 管导通或关断，所以设计了一个由 NE555 芯片构成的多谐振荡器来产生方波信号。多谐振荡器如图 15-5 所示。

NE555 芯片成本低、性能可靠，只要外接几个电阻、电容，就可以构成多谐振荡器以产生方波信号。NE555 芯片也常作为定时器广泛应用于仪器仪表、家用电器、电子测量及自动控制等方面。NE555 芯片的内部结构如图 15-6 所示。NE555 芯片的引脚如图 15-7 所示。

NE555 芯片的功能主要由两个电压比较器来实现。两个电压比较器的输出电压控制 RS 触发器的状态。在 NE555 芯片的 8 引脚和 1 引脚之间加上电压，当 NE555 芯片的 5 引脚悬空时，则电压比较器 C1 的同相输入端电压为 $2V_{CC}/3$，电压比较器 C2 的反相输入端电压为 $V_{CC}/3$。若 NE555 芯片的 2 引脚电压小于 $V_{CC}/3$，则电压比较器 C2 输出低电平信号，可使 RS 触发器置 1。如果 NE555 芯片的 6 引脚电压大于 $2V_{CC}/3$，同时 NE555 芯片的

127

2 引脚电压大于 $V_{CC}/3$，则电压比较器 C1 输出低电平信号，电压比较器 C2 输出高电平信号，可将 RS 触发器置 0。

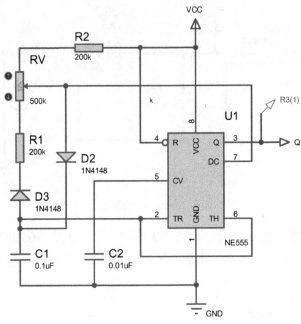

图 15-5　多谐振荡器模块

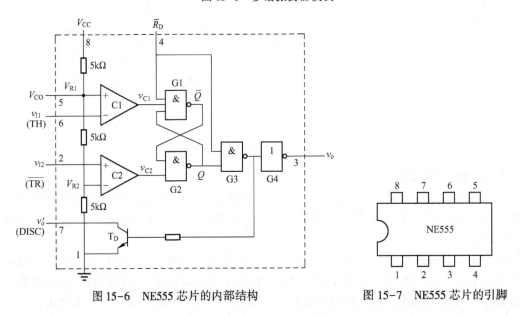

图 15-6　NE555 芯片的内部结构　　　　图 15-7　NE555 芯片的引脚

由图 15-4 可知，NE555 芯片的 2 引脚与 6 引脚之间的电容 C1 起到充/放电的作用。在电容 C1 充电过程中，NE555 芯片的 3 引脚输出高电平信号。在电容 C1 放电过程中，NE555 芯片的 3 引脚输出低电平信号，从而可以得到一个方波信号。这个方波信号的振荡周期为

$$T = T_1 + T_2$$

式中，T_1 为电容充电时间，T_2 为电容放电时间。

128

电容充电时间为

$$T_1 = (R_2 + R_{V1})C_1\ln2 \approx 0.7(R_2 + R_{V1})C_1$$

电容放电时间为

$$T_2 = (R_1 + R_{V2})C_1\ln2 \approx 0.7(R_1 + R_{V2})C_1$$

从而，方波信号的振荡周期为

$$T = T_1 + T_2 = (R_1 + R_2 + R_V)C_1\ln2 \approx 0.7(R_1 + R_2 + R_V)C_1$$

式中，$R_V = R_{V1} + R_{V2}$。

方波信号的振荡频率为

$$f = \frac{1}{T} \approx 1.43/[(R_1 + R_2 + R_V)C_1]$$

方波信号的占空比为

$$q = \frac{T_1}{T} = (R_2 + R_{V1})/(R_1 + R_2 + R_V)$$

因此，改变 R_1、R_2、R_V 和 C_1 就可以改变方波信号的振荡频率；改变滑动变阻器的滑片位置就可以改变方波信号的占空比了。R_{V1} 越大，R_{V2} 就越小，方波信号的占空比越大，有刷直流电动机的转速越快，这样就可以实现对有刷直流电动机转速的调节。这里初步设定 R_1 为 200kΩ、R_2 为 200kΩ、C_1 为 0.1μF、R_V 为 500kΩ。对多谐振荡器模块进行仿真，当滑动变阻器的滑片处于 0% 位置时，其仿真结果如图 15-8（a）所示；当滑动变阻器的滑片处于 100% 位置时，其仿真结果如图 15-8（b）所示。从仿真结果来看，改变滑动变阻器的滑片位置，就可以改变方波信号的占空比。

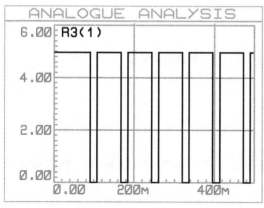
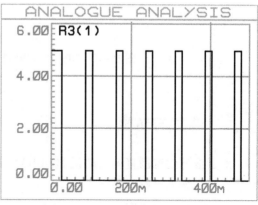

（a）滑动变阻器的滑片处于0%位置　　　　　　　　（b）滑动变阻器的滑片处于100%位置

图 15-8　多谐振荡器模块仿真结果

3. NPN 型三极管控制有刷直流电动机模块

NPN 型三极管控制有刷直流电动机模块如图 15-9 所示。

在图 15-9 中，Q1 为 NPN 型三极管，M1 是有刷直流电动机。当 Q1 的基极处于高电平状态时，Q1 导通，有刷直流电动机转动；当 Q1 的基极处于低电平状态时，Q1 关断，有刷直流电动机停止。NPN 型三极管控制有刷直流电动机模块仿真如图 15-10 所示。经过仿真测试，改变方波信号的占空比可以改变有刷直流电动机的转速，满足设计要求。

129

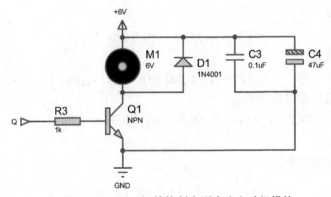

图 15-9　NPN 型三极管控制有刷直流电动机模块

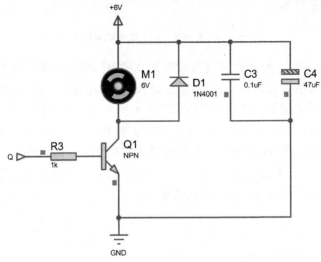

图 15-10　NPN 型三极管控制有刷直流电动机模块仿真

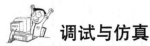 调试与仿真

对所设计的有刷直流电动机驱动电路系统进行仿真，如图 15-11 所示，从仿真结果来看，该系统满足设计要求。

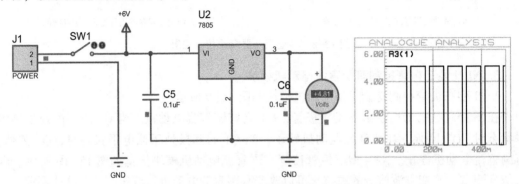

图 15-11　有刷直流电动机驱动电路系统仿真

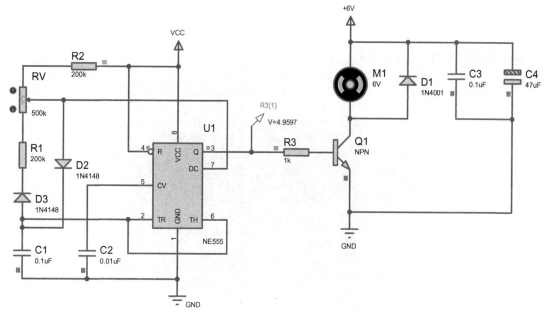

图 15-11　有刷直流电动机驱动电路系统仿真（续）

电路板布线图（见图 15-12）

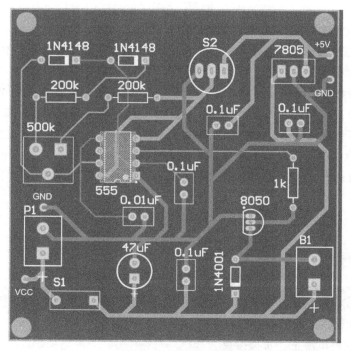

图 15-12　电路板布线图

实物照片（见图 15-13）

图 15-13　实物照片

 思考与练习

（1）在本设计中，7805 芯片的作用是什么？

答：7805 芯片的作用是将外接电源电压稳定到 5V，以给多谐振荡器供电。

（2）在多谐振荡器模块中，加入二极管 D2 和 D3 的作用是什么？

答：在多谐振荡器模块中，加入了二极管 D2 和 D3 后，电容的充电电流和放电电流流经不同的路径，即充电电流只流经 R2 与 RV1，放电电流只流经 R1 与 RV2。这时候，调节滑动变阻器的滑片位置，就可以不改变方波信号的频率，只改变方波信号的占空比。

（3）在本设计中，NPN 型三极管的作用是什么？

答：在本设计中，NPN 型三极管主要用来放大电流，从而达到驱动有刷直流电动机转动的作用。

 特别提醒

（1）当完成有刷直流电动机驱动电路系统各模块设计后，必须对各模块进行适当的连接，并考虑元器件之间的相互影响。

（2）千万别将电源正、负极接反。

（3）千万别将 NPN 型三极管的集电极与发射极接反。

项目 16　IGBT 驱动电路系统设计

 设计任务

设计一个 IGBT 驱动电路，通过三极管控制 IGBT 的导通或关断。

 基本要求

☺ 由多谐振荡器产生的一定频率的方波信号作为光耦合器的输入信号。
☺ 使用 15V 供电电压。
☺ 通过 LED 指示 IGBT 的导通或关断。

 总体思路

多谐振荡器产生的方波信号使光耦合器导通，从而使三极管导通，这样就可以驱动 IGBT 的导通，LED 亮。

系统组成

整个 IGBT 驱动电路系统主要分为以下 3 个模块。
☺ 电源模块。
☺ 开关模块（包括多谐振荡器和光耦合器）：控制三极管的导通或关断。
☺ 三极管控制 IGBT 模块：控制 IGBT 的导通或关断。
IGBT 驱动电路系统框图如图 16-1 所示。

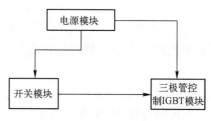

图 16-1　IGBT 驱动电路系统框图

电路原理图（见图 16-2）

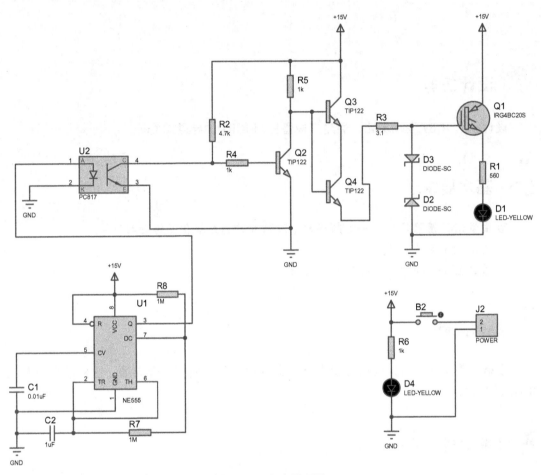

图 16-2　电路原理图

模块详解

1. 电源模块

由于要给整个系统供电，所以必须设计一个直流稳压电源。这里为了设计方便，直接通过一个两引脚排针，外接 15V 电源对整个系统进行供电，并通过 LED 指示电源是否供电正常，如图 16-3 所示。

在图 16-3 中，J2 外接 15V 电源和地，B2 是开关，D4 是 LED。当外接 15V 电源后，闭合开关 B2，如果 D4 亮了，就说明外接 5V 电源供电正常。

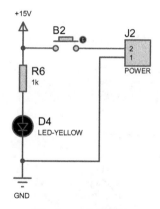

图 16-3　电源模块

2. 开关模块

开关模块如图 16-4 所示，包括光耦合器和多谐振荡器。多谐振荡器产生的方波信号作为光耦合器的输入信号。

为了便于仿真观察，使由 NE555 芯片构成的多谐振荡器产生 0.5Hz 频率的方波信号。多谐振荡器产生的方波信号仿真波形如图 16-5 所示。

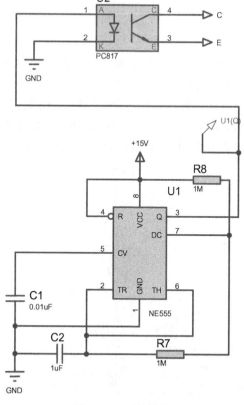

图 16-4　开关模块

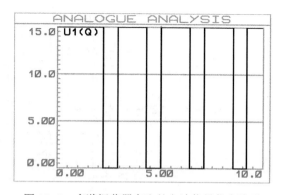

图 16-5　多谐振荡器产生的方波信号仿真波形

当方波信号为高电平时，光耦合器导通；当方波信号为低电平时，光耦合器不导通。

135

3. 三极管控制 IGBT 模块

这里采用三极管驱动绝缘栅双极型晶体管（Insulated Gate Bipolar Transistor，IGBT），如图 16-6 所示。

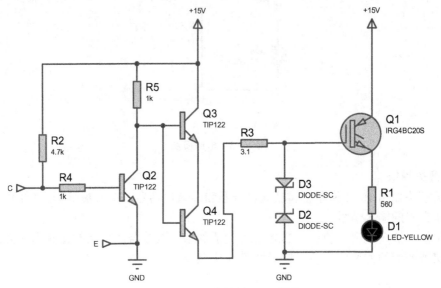

图 16-6　三极管控制 IGBT 模块

在图 16-6 中，Q1 为 IGBT，Q2 ～ Q4 为三极管。

如果光耦合器导通，则 Q2 导通，从而使 Q3、Q4 也导通。当前面 3 个三极管全部导通后，IGBT、Q1 导通，D1 亮，如图 16-7（a）所示。如果光耦合器没导通，则 Q2 关断，从而使 Q3、Q4 也关断。当前面 3 个三极管全部关断后，IGBT、Q1 关断，D1 灭，如图 16-7（b）所示。三极管导通、关断仿真波形如图 16-8（a）所示。IGBT 导通、截止仿真波形如图 16-8（b）所示。其中，稳压管 D2、D3 是保护 IGBT 的，以防 IGBT 被损坏。

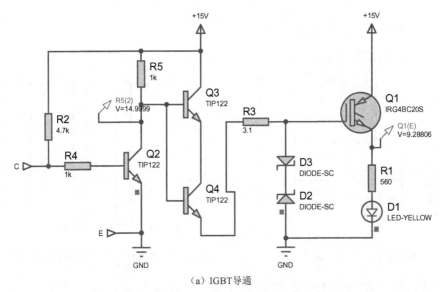

（a）IGBT 导通

图 16-7　三极管控制 IGBT 模块仿真

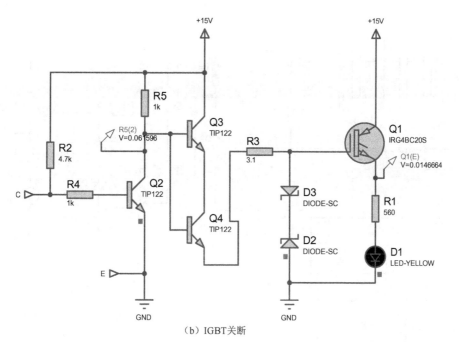

（b）IGBT关断

图 16-7　三极管控制 IGBT 模块仿真（续）

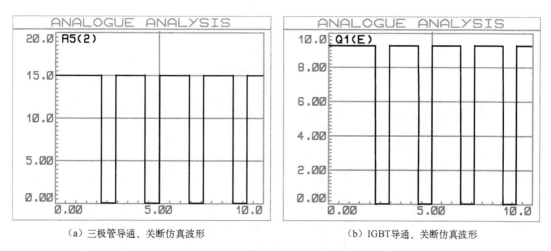

（a）三极管导通、关断仿真波形　　　　　　（b）IGBT导通、关断仿真波形

图 16-8　三极管控制 IGBT 模块仿真结果

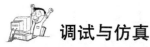 调试与仿真

对设计好的 IGBT 驱动电路系统进行仿真，如图 16-9 所示。IGBT 驱动电路系统仿真结果如图 16-10 所示。从仿真结果来看，该系统满足设计要求。

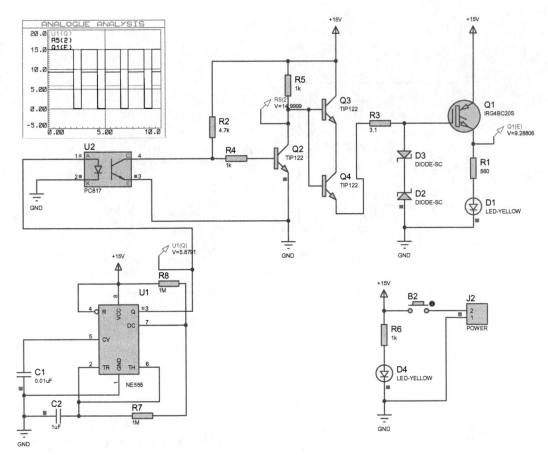

图 16-9　IGBT 驱动电路系统仿真

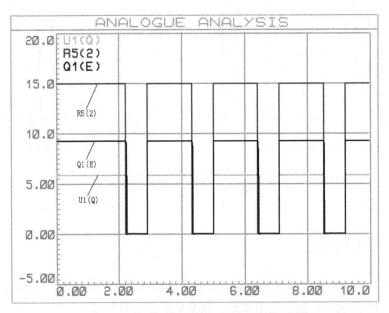

图 16-10　IGBT 驱动电路系统仿真结果

电路板布线图（见图16-11）

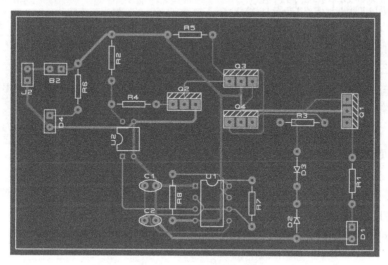

图16-11　电路板布线图

 实物照片（见图16-12）

图16-12　实物照片

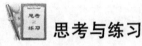 **思考与练习**

（1）光耦合器的工作原理是什么？

答：当光耦合器的输入信号为高电平时，光耦合器内部 LED 发光，使三极管导通，从而使电路导通。

（2）在三极管控制 IGBT 模块中，如何判断 IGBT 是否导通？

答：在三极管控制 IGBT 模块中，通过观察 LED 的亮、灭情况来判断 IGBT 是否导通。

 特别提醒

（1）当完成 IGBT 驱动电路系统各模块设计后，必须对各模块进行适当连接，并考虑元器件之间的相互影响。

（2）在对 IGBT 驱动电路系统加电测试之前，要检查 PCB 有无短路。

项目 17　双极性三极管对管驱动电路系统设计

设计任务

设计一个简单的双极性三极管对管驱动电路，以控制 NPN 型三极管与 PNP 型三极管循环导通。

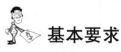

基本要求

☺ 运用 7805 芯片构成 5V 稳压电路，给多谐振荡器供电。
☺ 运用 NE555 芯片构成多谐振荡器，以产生一定频率的方波信号。
☺ 通过一个 NPN 型三极管与一个 PNP 型三极管的循环导通控制两路 LED 循环闪烁。

总体思路

运用 7805 芯片产生 5V 稳定电压，给多谐振荡器供电。由 NE555 芯片构成的多谐振荡器产生一定频率的方波信号，以控制由一个 NPN 型三极管、一个 PNP 型三极管共同构成的双极性三极管对管驱动电路，使两路 LED 循环闪烁。

系统组成

整个双极性三极管对管驱动电路系统主要分为以下 3 个模块。
☺ 电源模块。
☺ 多谐振荡器模块：输出具有一定频率的方波信号。
☺ 双极性三极管对管模块：使两路 LED 循环闪烁。
双极性三极管对管驱动电路系统框图如图 17-1 所示。

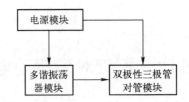

图 17-1 双极性三极管对管驱动电路系统框图

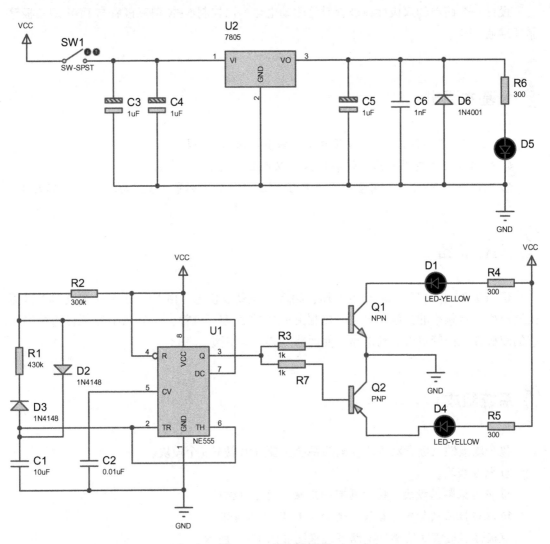

电路原理图（见图 17-2）

图 17-2 电路原理图

模块详解

1. 电源模块

由于多谐振荡器的供电电压为 5V，所以运用 7805 芯片构成三端稳压器，将外接电源电压转换成 5V，如图 17-3 所示。

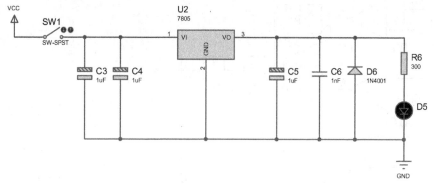

图 17-3　电源模块

在图 17-3 中，外接电源连接 7805 芯片的输入端，而 7805 芯片的输出电压给多谐振荡器供电；电容 C3、C4、C5、C6 起到滤波的作用；二极管 D6 起到保护电路的作用；发光二极管 D5 作为电源指示灯；电阻 R6 起到限流的作用，防止烧毁 D5。

2. 多谐振荡器模块

由于需要方波信号来控制三极管的导通或关断，所以设计了一个由 NE555 芯片构成的多谐振荡器来产生方波信号。多谐振荡器模块如图 17-4 所示。

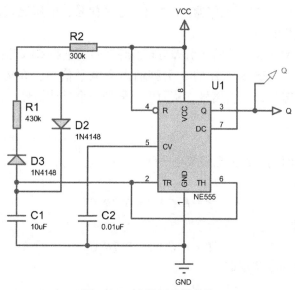

图 17-4　多谐振荡器模块

143

NE555 芯片成本低、性能可靠，只要外接几个电阻、电容，就可以构成多谐振荡器以产生方波信号。NE555 芯片也常作为定时器广泛应用于仪器仪表、家用电器、电子测量及自动控制等方面。NE555 芯片的内部结构如图 17-5 所示。NE555 芯片的引脚如图 17-6 所示。

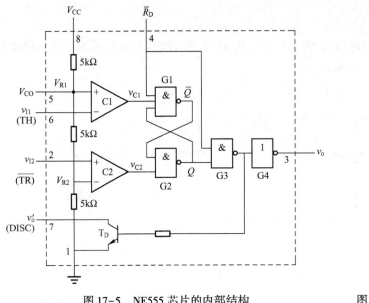

图 17-5　NE555 芯片的内部结构　　　　　　图 17-6　NE555 芯片的引脚

NE555 芯片的功能主要由两个电压比较器来实现。两个电压比较器的输出电压控制 RS 触发器的状态。在 NE555 芯片的 8 引脚和 1 引脚之间加上电压，当 NE555 芯片的 5 引脚悬空时，则电压比较器 C1 的同相输入端电压为 $2V_{CC}/3$，电压比较器 C2 的反相输入端电压为 $V_{CC}/3$。若 NE555 芯片的 2 引脚电压小于 $V_{CC}/3$，则电压比较器 C2 输出低电平信号，可使 RS 触发器置 1。如果 NE555 芯片的 6 引脚电压大于 $2V_{CC}/3$，同时 NE555 芯片的 2 引脚电压大于 $V_{CC}/3$，则电压比较器 C1 输出低电平信号，电压比较器 C2 输出高电平信号，可将 RS 触发器置 0。

由图 1.4 可知，NE555 芯片的 2 引脚与 6 引脚之间的电容 C1 起到充/放电的作用。在电容 C1 充电过程中，NE555 芯片的 3 引脚输出高电平信号，在电容 C1 放电过程中，NE555 芯片的 3 引脚输出低电平信号，从而可以得到一个方波信号。这个方波信号的振荡周期为

$$T = T_1 + T_2$$

式中，T_1 为电容充电时间，T_2 为电容放电时间。

电容充电时间为

$$T_1 = R_1 C_1 \ln 2 \approx 0.7 R_1 C_1$$

电容放电时间为

$$T_2 = R_2 C_1 \ln 2 \approx 0.7 R_2 C_1$$

从而，方波信号的振荡周期为

$$T = T_1 + T_2 = (R_1 + R_2) C_1 \ln 2 \approx 0.7 (R_1 + R_2) C_1$$

方波信号的振荡频率为

$$f = \frac{1}{T} \approx 1.43 / \left[(R_1 + R_2) C_1 \right]$$

方波信号的占空比为

$$q = \frac{T_1}{T} = R_1 / (R_1 + R_2)$$

因此，改变 R_1、R_2 和 C_1 就可以改变方波信号的振荡频率，所以初步设定 R_1 为 430kΩ、R_2 为 300kΩ、C_1 为 10μF，从而得出占空比 q 为 2/5。对多谐振荡器模块进行仿真，其仿真结果如图 17-7 所示。

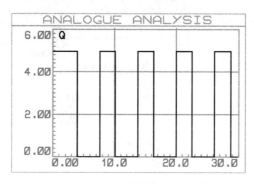

图 17-7　多谐振荡器模块仿真结果

3. 双极性三极管对管模块

双极性三极管对管模块如图 17-8 所示。

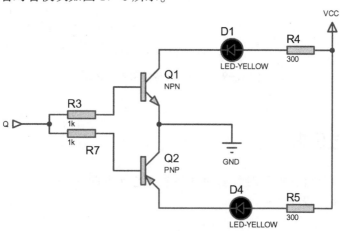

图 17-8　双极性三极管对管模块

NPN 型三极管饱和导通条件为 $U_b > U_e$ 且 $U_b > U_c$，而 PNP 型三极管饱和导通条件为 $U_e > U_b$ 且 $U_c > U_b$。在图 17-8 中，三极管 Q1 与 Q2 组成三极管对管。其中，Q1 为 NPN 型三极管，Q2 为 PNP 型三极管，Q1 的发射极接地，Q2 的集电极接地，它们的基极都通过一个 1kΩ 电阻连接到多谐振荡器的输出端。这里设计的多谐振荡器能输出正、负 5V 电压。当多谐振荡器输出正 5V 电压时，Q1 饱和导通，Q2 关断，发光二极管 D1 亮，如图 17-9（a）所示，当多谐振荡器输出负 5V 电压时，Q2 饱和导通，Q1 关断，发光二极管 D4 亮，如图 17-9（b）所示。因此，双极性三极管对管模块能驱动 D1 与 D4 循环闪烁。

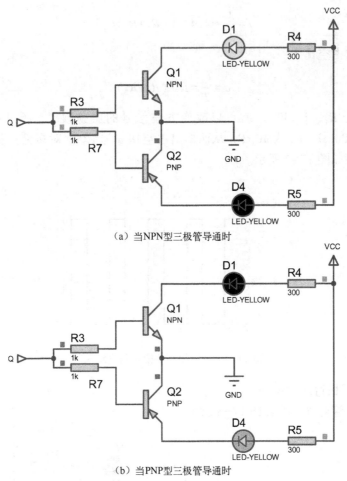

（a）当NPN型三极管导通时

（b）当PNP型三极管导通时

图 17-9 双极性三极管对模块仿真

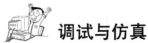 调试与仿真

对所设计的双极性三极管对管驱动电路系统进行仿真，如图 17-10 所示。从仿真结果来看，该系统满足设计要求。

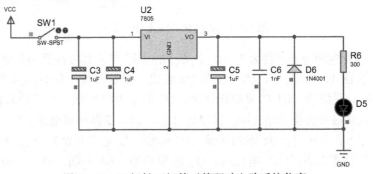

图 17-10 双极性三极管对管驱动电路系统仿真

146

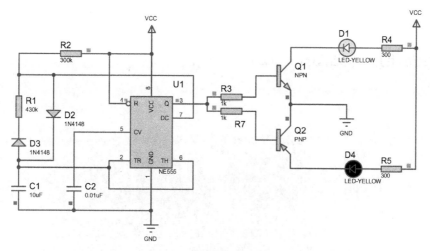

图 17-10　双极性三极管对管驱动电路系统仿真（续）

 电路板布线图（见图 17-11）

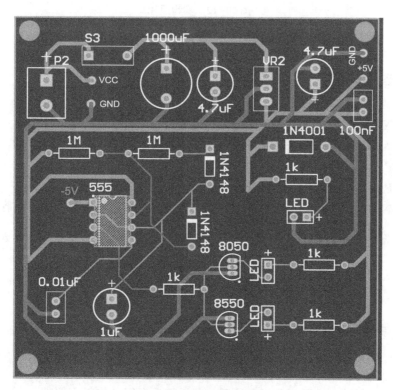

图 17-11　电路板布线图

实物照片（见图 17-12）

图 17-12　实物照片

 思考与练习

（1）NPN 型三极管饱和导通的条件是什么？

答：NPN 型三极管饱和导通条件为 $U_b > U_e$ 且 $U_b > U_c$。

（2）PNP 型三极管饱和导通的条件什么？

答：PNP 型三极管饱和导通条件为 $U_e > U_b$ 且 $U_c > U_b$。

（3）在本设计中，若使多谐振荡器产生 0.7Hz 的方波信号，如何配置电容电阻？

答：根据 $f = \dfrac{1}{T} \approx 1.43 / [(R_1 + R_2)C_1]$，配置电容 C_1 为 1μF，电阻 R_1 和 R_2 均为 1MΩ 即可。

特别提醒

（1）在焊接元器件之前，要先检查 PCB 有无短路。

（2）接入电源时，千万不要把电源正、负极接反，以免烧毁元器件。

项目 18　电磁阀驱动电路系统设计

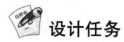 设计任务

设计一个简单的电磁阀驱动电路，通过开关控制电磁阀打开或关闭。

 基本要求

☺ 使用 12V 供电电压。
☺ 通过光耦合器控制三极管导通或关断，进而控制电磁阀打开或关闭。
☺ 通过 LED 判断电磁阀的打开或关闭状态。

总体思路

当电磁阀打开的同时，与之并联的 LED 也随之亮，以显示电磁阀正在工作。选用大功率三极管来控制电磁阀驱动电路的导通或关断。大功率三极管、大功率二极管与电磁阀形成回路以削弱逆电流的冲击。

系统组成

整个电磁阀驱动电路系统主要分为以下 3 个模块。
☺ 电源模块。
☺ 开关模块：采用光耦合器。
☺ NPN 型三极管控制电磁阀模块：控制电磁阀的打开或关闭。
电磁阀驱动电路系统框图如图 18-1 所示。

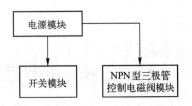

图 18-1　电磁阀驱动电路系统框图

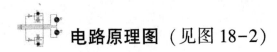 **电路原理图**（见图 18-2）

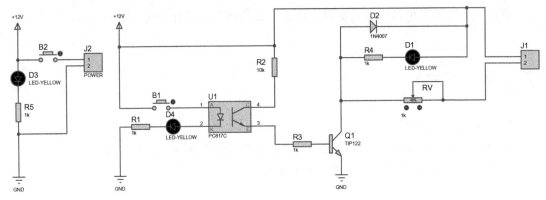

图 18-2　电路原理图

 模块详解

1. 电源模块

由于要给整个系统供电，所以必须设计一个直流稳压电源。这里为了设计方便，直接通过一个两引脚排针，外接 12V 电源对整个系统进行供电，并通过 LED 指示电源是否供电正常，如图 18-3 所示。

在图 18-3 中，J2 外接 12V 电源和地，B2 是开关，D3 是 LED。当外接 12V 电源后，闭合开关 B2，如果 D3 亮了，就说明外接 12V 电源供电正常。

2. 开关模块

由于要通过三极管来控制电磁阀的打开或关闭，所以由光耦合器构成开关模块，以控制三极管的导通或关断，如图 18-4 所示。

在图 18-4 中，U1 是光耦合器，B1 是开关。当对开关模块进行仿真时，闭合开关 B1，D4 亮，就说明光耦合器工作正常，如图 18-5 所示。

3. NPN 型三极管控制电磁阀模块

NPN 型三极管控制电磁阀模块如图 18-6 所示。

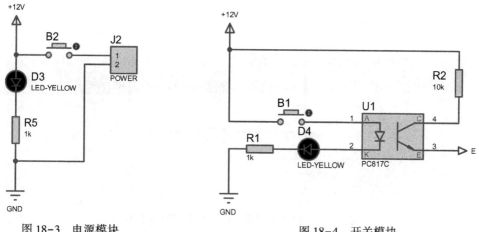

图 18-3　电源模块　　　　　　　　　图 18-4　开关模块

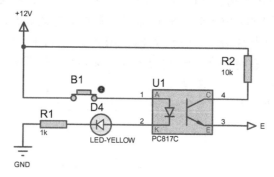

图 18-5　开关模块仿真

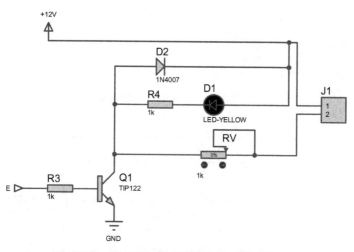

图 18-6　NPN 型三极管控制电磁阀模块

　　在图 18-6 中，J1 是电磁阀，Q1 为 NPN 型三极管，RV 是滑动变阻器，供电电压为 12V。因为当电磁阀打开后，通过电磁阀的电流会比较大，所以要选用大功率三极管 Q1 和大功率二极管 D2，以对电磁阀驱动电路进行保护。在对 NPN 型三极管控制电磁阀模块进行仿真时，由于没有电磁阀模型，而当电磁阀调好以后就相当于一个电阻，所以可以用电阻代替电磁阀，如图 18-7 所示。

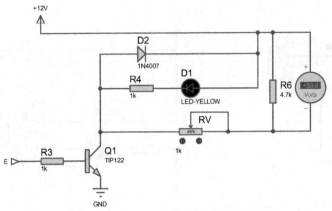

图 18-7　NPN 型三极管控制电磁阀模块仿真

在图 18-7 中，使 Q1 导通，让电磁阀打开。此时 D1 亮了，就说明电磁阀打开了。当滑动变阻器的滑片处于 100% 位置时，NPN 型三极管控制电磁阀模块仿真如图 18-8（a）所示；当滑动变阻器的滑片处于 0% 位置时，NPN 型三极管控制电磁阀模块仿真如图 18-8（b）所示。当电磁阀两端的电压有变化时，则说明电磁阀的开口大小也有所变化。

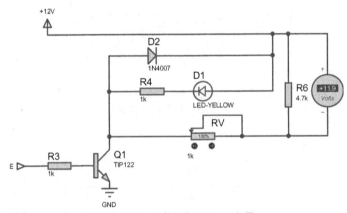

（a）滑动变阻器的滑片处于100%位置

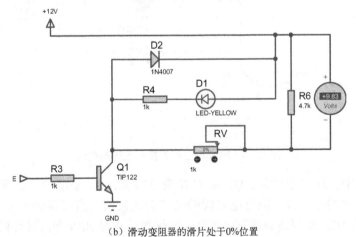

（b）滑动变阻器的滑片处于0%位置

图 18-8　NPN 型三极管控制电磁阀模块仿真

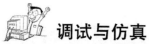 **调试与仿真**

对所设计的电磁阀驱动电路系统进行仿真，如图 18-9 所示。从仿真结果来看，该系统满足设计要求。

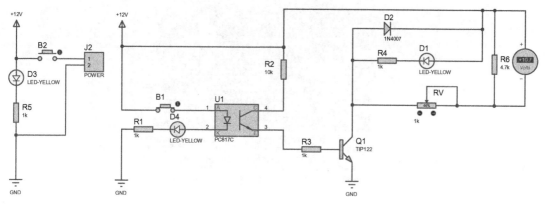

图 18-9　电磁阀驱动电路系统仿真

 电路板布线图（见图 18-10）

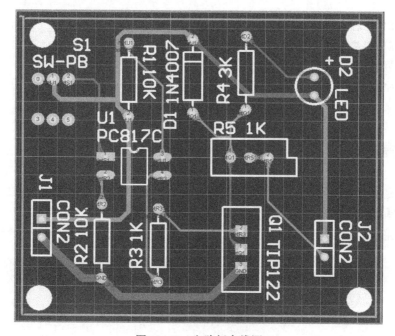

图 18-10　电路板布线图

实物照片（见图 18-11）

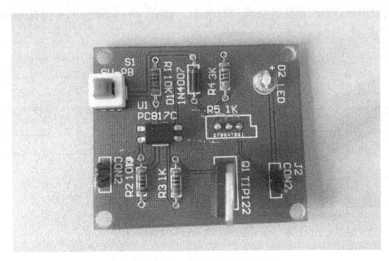

图 18-11　实物照片

 思考与练习

（1）PC817C 芯片是什么？

答：PC817C 芯片是一种常用的光耦合器。

（2）在图 18-2 中，1kΩ 滑动变阻器是否可以换成定值电阻？

答：不可以。这是因为加一个滑动变阻器可以方便电路的调试。

 特别提醒

（1）当完成电磁阀驱动电路系统各模块设计后，必须对各模块进行适当的连接，并考虑元器件之间的相互影响。

（2）当完成电磁阀驱动电路系统设计后，要对该系统进行噪声分析、频率分析等测试。

项目 19　晶闸管驱动电路系统设计

 设计任务

设计一个简单的晶闸管驱动电路，使其能方便地调节 220V 交流电的输出电压，以供用电器使用。

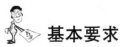 基本要求

本设计使用的是双向晶闸管。要驱动双向晶闸管必须满足以下要求。
☺ 使用 220V/50Hz 的交流供电电压。
☺ 设计浪涌吸收模块以防止浪涌电流/电压损坏双向晶闸管。
☺ 双向晶闸管的输出电压范围是 140 ～ 220V。

总体思路

通过 RC 充/放电电路对双向晶闸管的控制极与阳极放电，使双向晶闸管导通。同时，要通过一个滑动变阻器改变双向晶闸管的输出电压。

系统组成

整个晶闸管驱动电路系统主要分为以下 4 个模块。
☺ 交流电输入模块。
☺ 浪涌吸收模块：防止浪涌电流/电压损坏双向晶闸管。
☺ 晶闸管触发模块：通过 RC 充/放电电路及双向触发二极管控制双向晶闸管的导通。
☺ 负载模块：通过改变滑动变阻器的滑片位置改变负载两端的电压。
晶闸管驱动电路系统框图如图 19-1 所示。

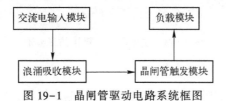

图 19-1　晶闸管驱动电路系统框图

电路原理图（见图 19-2）

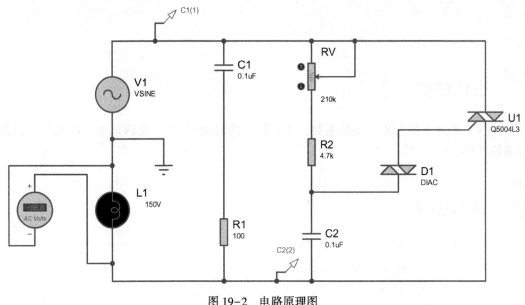

图 19-2　电路原理图

 模块详解

1. 交流电输入模块

在图 19-2 中，交流电输入模块 V1 为整个系统提供 220V/50Hz 的交流电。交流电输入模块仿真波形如图 19-3 所示。

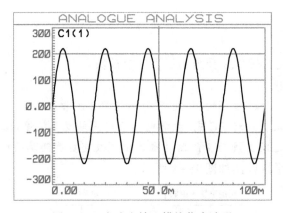

图 19-3　交流电输入模块仿真波形

2. 浪涌吸收模块

为防止双向晶闸管被 220V 交流电的浪涌电流/电压损坏，将 0.1μF 的电容与 100Ω 的电阻串联组成浪涌吸收模块，以吸收 220V 交流电的浪涌电流/电压。

3. 晶闸管触发模块

晶闸管触发模块如图 19-4 所示。

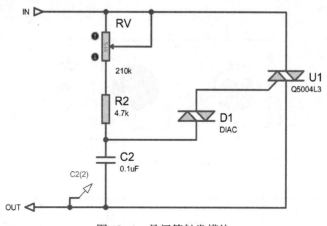

图 19-4　晶闸管触发模块

在图 19-4 中，U1 是双向晶闸管，D1 是双向触发二极管。当输入的交流电电压由零开始增大时，输入的交流电通过 RV 和 R2 对电容 C2 充电。当电容 C2 的电压大于双向触发二极管 D1 的击穿电压时，双向触发二极管 D1 导通，电容 C2 通过双向触发二极管 D1 向双向晶闸管 U1 的控制极和阳极放电，使双向晶闸管 U1 导通。当输入的交流电电压由零变负时，双向晶闸管 U1 关断，电容 C2 开始被反向充电。当电容 C2 的电压大于双向触发二极管 D1 的击穿电压时，双向触发二极管 D1 导通，电容 C2 通过双向晶闸管 U1 的阳极和控制极放电，双向晶闸管 U1 又导通，如此循环。其中，当调节滑动变阻器的滑片位置时，可以改变电容 C2 的充电电流，从而改变了双向晶闸管的导通角，即改变双向晶闸管的输出电压。当滑动变阻器的滑片处于 0% 位置时，双向晶闸管的输出电压仿真波形如图 19-5（a）所示；当滑动变阻器的滑片处于 100% 位置时，双向晶闸管的输出电压仿真波形如图 19-5（b）所示。从仿真结果来看，改变滑动变阻器的滑片位置，可以改变双向晶闸管的输出电压。

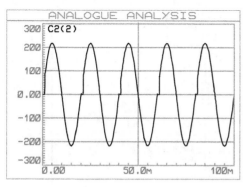

（a）滑动变阻器的滑片处于0%位置

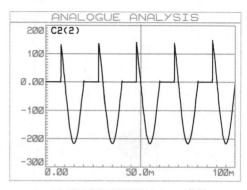

（b）滑动变阻器的滑片处于100%位置

图 19-5　双向晶闸管的输出电压仿真波形

4. 负载模块

这里使用灯泡作为负载，如图 19-6 所示。对负载模块进行仿真，当改变滑动变阻器的滑片位置时，双向晶闸管的输出电压有变化，灯泡的亮度也有变化，如图 19-7 所示。

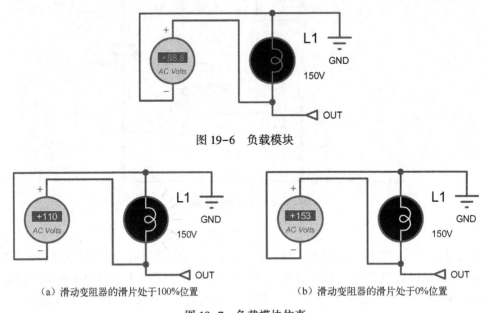

图 19-6　负载模块

（a）滑动变阻器的滑片处于100%位置　　　　　（b）滑动变阻器的滑片处于0%位置

图 19-7　负载模块仿真

 调试与仿真

对所设计的晶闸管驱动电路系统进行仿真，如图 19-8 所示。晶闸管驱动电路系统仿真结果如图 19-9 所示，从仿真的结果来看，该系统满足设计要求。

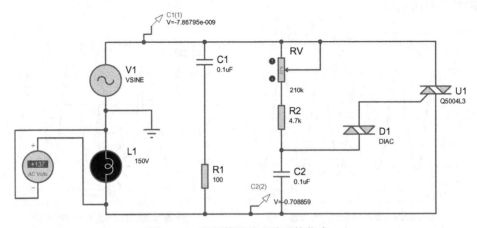

图 19-8　晶闸管驱动电路系统仿真

158

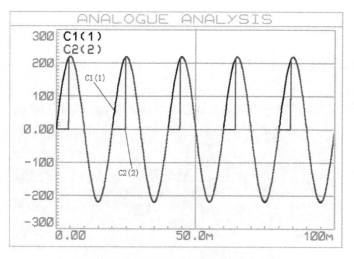

图 19-9 晶闸管驱动电路系统仿真结果

 电路板布线图 （见图 19-10）

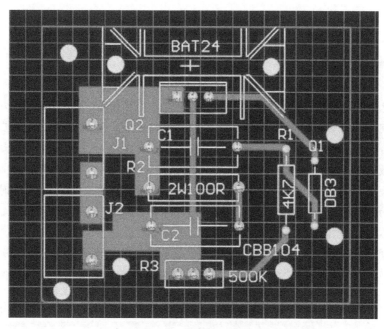

图 19-10 电路板布线图

实物照片（见图 19-11）

图 19-11　实物照片

 **思考与练习**

（1）将 2 000W 晶闸管调压器的输出电压由 220V 调到 50V 后，其输出功率有多大？

答：晶闸管调压器的输出功率不是恒定的。也就是说，当它的输出电压变化时，它的输出功率不会一直保持额定功率不变，而其额定输出电流会一直保持不变。这是因为晶闸管调压器的最大输出电流是受本身性能限制的。当 2 000W 的晶闸管调压器输出 220V 电压时，其最大有效电流为 2 000/220≈9.1（A）；当它的输出电压要调到 50V 时，它的最大输出功率大约为 455W。

（2）将本设计应用于电感负载应该注意哪些问题？

答：浪涌吸收模块是为了抑制双向晶闸管在导通时的自感尖峰电压的。如果不加入浪涌吸收模块，不但双向晶闸管极易被击穿，负载模块的电感线圈也会产生匝间或电机绕组间击穿现象。

 特别提醒

（1）在焊接元器件之前，要先检查 PCB 有无短路。

（2）注意晶闸管的过载保护。

项目 20　无刷直流电动机驱动电路系统设计

设计任务

设计一个简单的无刷直流电动机驱动电路，以驱动无刷直流电动机的运行。

基本要求

☺ 能够驱动无刷直流电动机的转动。
☺ 能够控制无刷直流电动机的正/反转。
☺ 能够调节无刷直流电动机的转速。

总体思路

通过电源模块给整个系统进行供电。通过驱动模块驱动无刷直流电动机的转动，并运用主控芯片控制无刷直流电动机的转速与正/反转。这里采用 IR2101 芯片构成驱动模块，并采用 JY01A 芯片作为主控芯片。

系统组成

无刷直流电动机驱动电路系统主要分为以下 3 个模块。
☺ 电源模块。
☺ 驱动模块：驱动无刷直流电动机的转动。
☺ 主控芯片模块：控制无刷直流电动机的转速与正/反转。
无刷直流电动机驱动电路系统框图如图 20-1 所示。

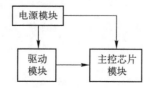

图 20-1　无刷直流电动机驱动电路系统框图

电路原理图（见图 20-2）

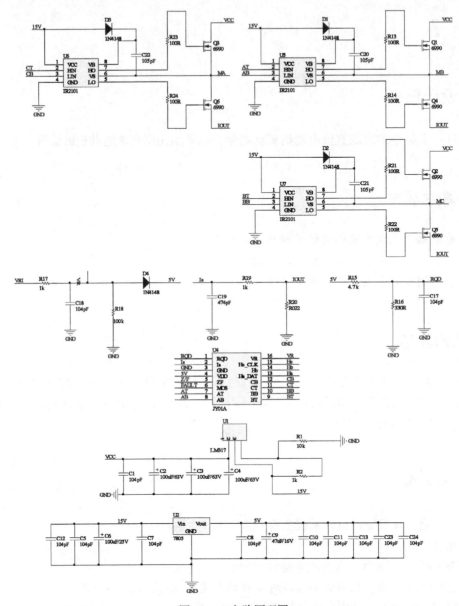

图 20-2　电路原理图

模块详解

1. 电源模块

电源模块如图 20-3 所示。其中，LM317 芯片将电源电压转换成 15V，以便给后面的

IR2101 芯片供电；电容 C1 ～ C4 起到滤波的作用；电阻 R1 与 R2 起到限流的作用；7805 芯片将 15V 电压转换成 5V 电压，以便给后面的主控芯片 JY01A 供电。

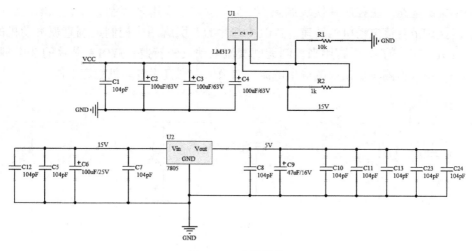

图 20-3　电源模块

2. 驱动模块

如图 20-4 所示，本设计利用 IR2101 芯片构成驱动模块，以驱动无刷直流电动机的转动。驱动模块有三个相同的部分，其中 MA、MB、MC 端分别用于控制无刷直流电动机的 U、V、W 三相；二极管 D1 ～ D3 起保护电路的作用；IOUT 端通过一个电容、电阻接到 JY01A 芯片的 2 引脚。

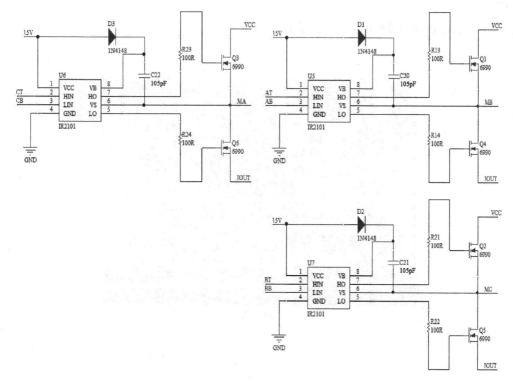

图 20-4　驱动模块

163

3. 主控芯片模块

本设计利用 JY01A 芯片构成主控芯片模块。JY01A 芯片是一款多功能的无刷直流电动机驱动集成电路。主控芯片模块如图 20-5 所示,主要用来控制无刷直流电动机的正/反转,以及调节直流电动机的转速。JY01A 芯片的 5 引脚用来控制无刷直流电动机的正/反转;JY01A 芯片的 16 引脚用来控制无刷直流电动机的转速;JY01A 芯片的 2 引脚为电流检测端,用来检测驱动模块的输出电流,以确保无刷直流电动机稳定工作。

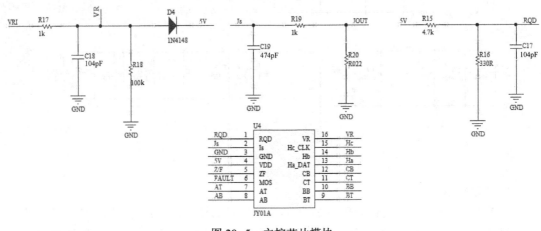

图 20-5　主控芯片模块

 电路板布线图(见图 20-6)

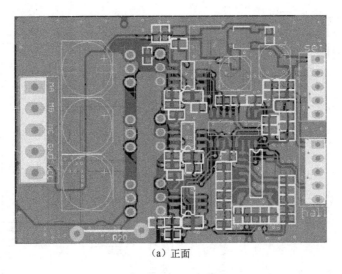

(a)正面

图 20-6　电路板布线图

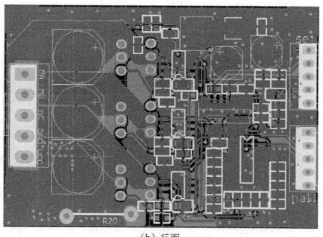

(b) 反面

图20-6　电路板布线图（续）

 实物照片（见图 20-7）

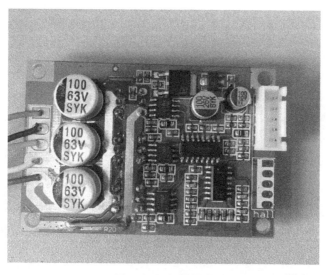

图20-7　实物照片

 思考与练习

（1）在本设计中，MOS 管的作用是什么？

答：MOS 管起到放大电流的作用，以驱动无刷直流电动机的转动。

165

（2）在本设计中，主控芯片 JY01A 的作用是什么?

答：主控芯片 JY01A 用来控制无刷直流电动机的正/反转及转速。

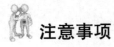 **注意事项**

（1）在焊接元器件之前，要先检查 PCB 有无短路。

（2）在接入电源时，千万不要把电源的正、负极接反，以免烧毁元器件。

项目 21　智能小车驱动电路系统设计

 设计任务

设计一个智能小车驱动电路，使其能通过摄像头检测路径状况且拟合出中线轨迹，同时判断出赛道类型，根据赛道曲率做出适当的减速和差速控制及舵机打角的控制，并保证小车能在不出赛道的情况下跑完一圈。

 **基本要求**

本设计要求智能小车的车轮在行驶过程中至少有 3 个轮子在赛道内且能以较快速度跑完一圈，同时要求在调试时通过摄像头能实时看到赛道图像，以便进行分析。

 总体思路

智能小车主控电路板以 K60 单片机为核心。通过主控电路板控制电动机驱动模块，以使电动机运转，并根据路径情况控制舵机打角。将编码器作为智能小车速度检测装置，以实现闭环控制。

系统组成

整个智能小车驱动电路系统主要分为以下 6 个模块。
☺ 电源模块。
☺ 电动机驱动模块。
☺ 舵机驱动模块。
☺ LCD 显示模块。
☺ 摄像头模块：用来检测路径实际情况。
☺ 编码器模块：用来检测速度，以便实现闭环控制。
智能小车驱动电路系统框图如图 21-1 所示。

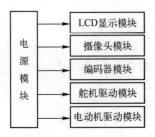

图 21-1　智能小车驱动电路系统框图

 模块详解

1. 电源模块

电源模块通过 7.2V 镍镉电池进行供电，通过 TPS7350 芯片进行稳压而输出 5V 电压，通过 LM1117 芯片进行稳压而输出 3.3V 电压，通过 MC33063 芯片进行稳压而输出 12V 电压，以满足其他模块供电的要求，如图 21-2 所示。

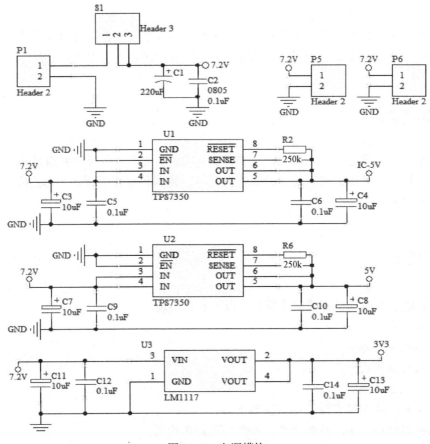

图 21-2　电源模块

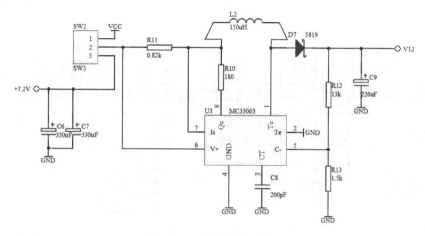

图 21-2　电源模块（续）

2. 电动机驱动模块

电动机驱动模块是由半桥驱动芯片 IR2104 和 MOS 管组成的全桥驱动电路，如图 21-3 所示。该模块控制电动机转速的基本方式是脉冲宽度调制方式。在图 21-3 中，当在 IN1 引脚输入高电平信号，在 IN2 引脚输入低电平信号时，ENA_H 和 ENB_L 引脚输出高电平信号，ENA_L 和 ENB_H 引脚输出低电平信号，Q1 和 Q4 导通，Q2 和 Q3 关断，此时电动机正转。当在 IN2 引脚输入高电平信号，在 IN1 引脚输入低电平信号时，在 ENA_H 和 ENB_L 引脚输出低电平信号，ENA_L 和 ENB_H 引脚输出高电平信号，Q1 和 Q4 关断，Q2 和 Q3 导通，此时电动机反转。

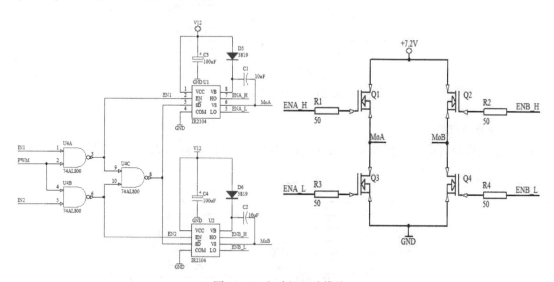

图 21-3　电动机驱动模块

3. 舵机驱动模块

舵机驱动电路的控制方式是脉冲宽度调制方式，即通过控制输入信号的占空比来控制舵机转角。舵机驱动模块如图 21-4 所示。其中，TLP113 芯片为耦合器，用来隔离舵机接口与单片机模块，以防止舵机堵转而出现电流过大的现象，从而避免了灌流损坏单片机。

169

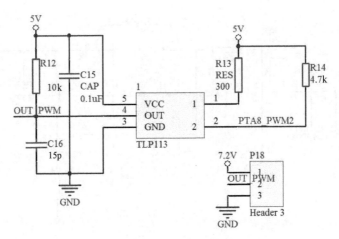

图 21-4 舵机驱动模块

4. LCD 显示模块

LCD 显示模块主要用来显示摄像头检测到的图像及 PID 参数等信息，如图 21-5 所示。

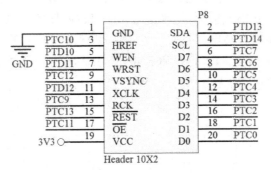

图 21-5 LCD 显示模块

5. 摄像头模块

摄像头模块可以连接摄像头，以便进行路径实际情况检测，如图 21-6 所示。

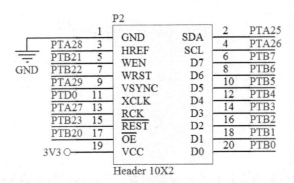

图 21-6 摄像头模块

170

6. 编码器模块

编码器模块如图 21-7 所示。

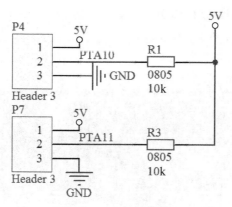

图 21-7　编码器模块

　　为了使用闭环控制，我们在小车模型上附加了编码器模块。编码器模块可以使智能小车驱动电路更加完善、智能小车驱动电路的控制信号更加精确。编码器模块功耗低、质量小、抗冲击力强、寿命长。编码器模块内部无上拉电阻。K60 单片机自身具有正交解码功能，因此这里无须使用任何外围计数辅助器件，只要将编码器模块的接口连接到单片机上相应的接口即可。

 电路板布线图（见图 21-8）

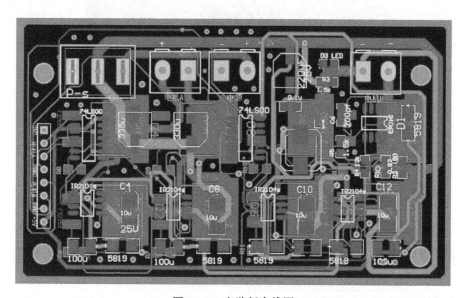

图 21-8　电路板布线图

171

实物照片（见图21-9）

（a）智能小车驱动电路板

（b）智能小车

图21-9 实物照片

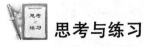 **思考与练习**

（1）MC33063芯片有什么作用？

答：MC33063芯片具有升压和降压的作用。在本设计中，33063芯片将7.2V电压升到12V给IR2104芯片供电。

（2）IR2104 芯片有什么作用？

答： IR2104 芯片是一块半桥驱动电路芯片，能驱动 MOS 管的导通与关断。

 特别提醒

（1）当完成智能小车驱动电路系统各模块设计后，必须对各模块进行适当的连接，并考虑元器件之间的相互影响。

（2）当完成智能小车驱动电路系统设计后，要对智能小车驱动电路进行图像分析等测试。

项目 22　基于 DRV8871 芯片的直流电动机驱动电路系统设计

 设计任务

设计一个基于 DRV8871 芯片的直流电动机驱动电路，以实现直流电动机的正转、反转、停止功能。

 **基本要求**

本设计使用的是直流电动机。本设计接入 LED，以便检测直流电动机的正转、反转这两种状态。

☺ 实现直流电动机的正转、反转、停止功能。

☺ 带正转、反转指示灯和电源指示灯。

总体思路

本设计主要采用 DRV8871 芯片来驱动直流电动机，通过功能选择开关（三选一开关）选择正转、反转和停止功能，并通过 LED 判断直流电动机的旋转方向。

系统组成

基于 DRV8871 芯片的直流电动机驱动电路系统主要分为以下 3 个模块。

☺ 功能选择模块：实现直流电动机的正转、反转和停止功能选择。

☺ 直流电动机驱动模块：驱动直流电动机工作。

☺ 方向指示模块：指示直流电动机的旋转方向。

基于 DRV8871 芯片的直流电动机驱动电路系统框图如图 22-1 所示。

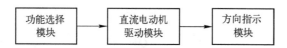

图 22-1 基于 DRV8871 芯片的直流电动机驱动电路系统框图

 电路原理图（见图 22-2）

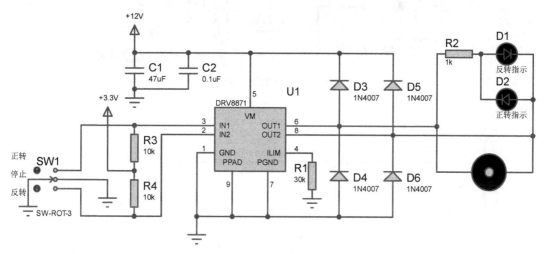

图 22-2 电路原理图

 模块详解

1. 功能选择模块

功能选择模块的作用是为 DRV8871 芯片提供输入信号。在图 22-3 中，当功能选择开关 SW1 置于不同位置时，功能选择模块会给 DRV8871 芯片输入不同的信号。功能选择模块由一个功能选择开关、电源和两个电阻构成。其中，电源起提供高电平的作用。由于 DRV8871 芯片的逻辑电平输入端电压范围为 0 ~ 5.5V，所以这里选择 3.3V 电源，即输出高电平约为 3.3V，输出低电平约为 0V（接地）。

2. 直流电动机驱动模块

直流电动机驱动模块如图 22-4 所示。其中，DRV8871 芯片是一款有刷直流电动机驱动芯片，有两个逻辑电平输入端。该芯片可通过对输入信号进行脉冲宽度调制（PWM）来控制电动机转速。如果将 DRV8871 芯片的两个逻辑电平输入端均置为低电平，则该芯片将进入低功耗休眠模式。

DRV8871 芯片的引脚功能如下。

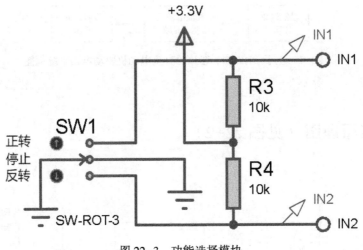

图 22-3 功能选择模块

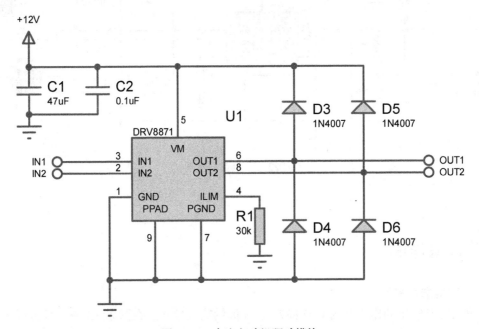

图 22-4 直流电动机驱动模块

（1）1 引脚：接地端。

（2）4 引脚：电流门限控制端，可通过连接一个接地的电阻设置电流阈值。

（3）3 引脚：逻辑电平输入端 1。

（4）2 引脚：逻辑电平输入端 2。

（5）6 引脚：H 桥输出端 1，直接连接电动机或其他感性负载。

（6）8 引脚：H 桥输出端 2，直接连接电动机或其他感性负载。

（7）7 引脚：大电流接地端。

（8）5 引脚：电源端。此引脚在使用时必须接一个大电容（接地）和一个 $0.1\mu F$ 旁路电容（接地）。

（9）9引脚：散热垫端，使用时接地。

此外，DRV8871芯片的部分工作参数范围如下。

（1）供电电压范围：6.5 ～ 45V。

（2）逻辑电平输入端电压范围：0 ～ 5.5V。

（3）逻辑电平输入端脉冲宽度调制频率范围：0 ～ 200kHz。

（4）输出峰值电流范围：0 ～ 3.6A。

（5）工作环境温度范围：-40 ～ 125℃。

DRV8871芯片的引脚状态与直流电动机运行状态的关系如表22-1所示。

表 22-1　DRV8871芯片的引脚状态与直流电动机运行状态的关系

IN1 引脚状态	IN2 引脚状态	OUT1 引脚状态	OUT2 引脚状态	直流电动机运行状态
L	L	高阻	高阻	（惯性）滑行
L	H	L	H	反转
H	L	H	L	正转
H	H	L	L	停止

注：H代表高电平；L代表低电平。

　　根据DRV8871芯片的引脚功能和工作参数范围，可设计得到一个直流电动机驱动模块，如图22-4所示。其中，GND引脚、PGND引脚和PPAD引脚均接地；VM引脚接供电电源，这里选用12V直流电源。OUT1引脚、OUT2引脚接4个二极管及直流电动机，当IN1引脚和IN2引脚电平改变时，OUT1引脚和OUT2引脚电平也改变，从而直流电动机运行状态也随之发生变化。

3. 方向指示模块

　　方向指示模块由一个电阻和两个LED构成，如图22-5所示。由于DRV8871芯片的OUT1和OUT2引脚电平不同，所以发光二极管D1和D2的导通情况也不同。当DRV8871芯片的OUT1引脚电平为高电平、OUT2引脚电平为低电平时，D1导通（点亮），D2不导

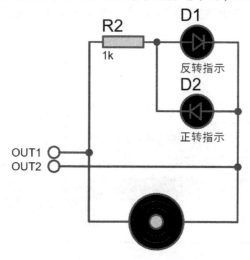

图 22-5　方向指示模块

通（不亮），此时直流电动机正转；当 DRV8871 芯片的 OUT1 引脚电平为低电平、OUT2 引脚电平为高电平时，D2 导通（点亮），D1 不导通（不亮），此时直流电动机反转。当 DRV8871 芯片的 OUT1 和 OUT2 引脚电平都为高电平时，D1 和 D2 都不亮，此时直流电动机停止。

 调试与仿真

对基于 DRV8871 芯片的直流电动机驱动电路系统进行以下仿真。

（1）当 SW1 拨到上端（正转功能）位置时，DRV8871 芯片的 IN1 引脚电平为低电平，DRV8871 芯片的 IN2 引脚电平为高电平，直流电动机开始正转且正转指示灯亮起，如图 22-6 所示。

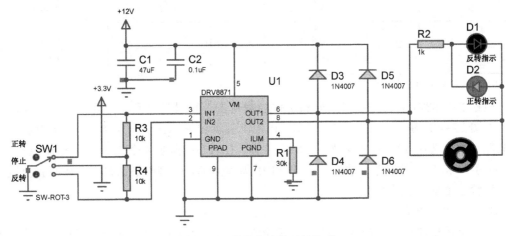

图 22-6　直流电动机正转仿真

（2）当 SW1 拨到下端（反转功能）位置时，DRV8871 芯片的 IN1 引脚电平为高电平，DRV8871 芯片的 IN2 引脚电平为低电平，直流电动机开始反转且反转指示灯亮起，如图 22-7 所示。

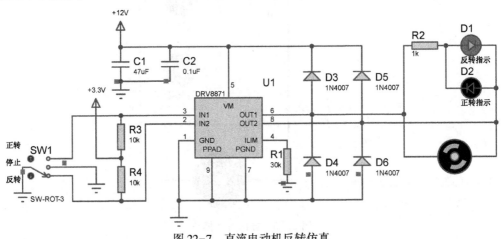

图 22-7　直流电动机反转仿真

178

（3）当 SW1 拨到中间（停止功能）位置时，DRV8871 芯片的 IN1 引脚电平为高电平，DRV8871 芯片的 IN2 引脚电平为高电平，直流电动机停止且两个指示灯都不亮，如图 22-8 所示。

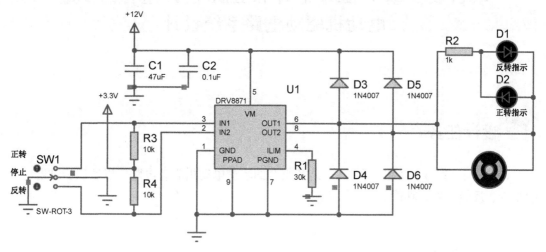

图 22-8　直流电动机停止仿真

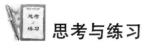

思考与练习

（1）DRV8871 芯片有什么特点？

答：DRV8871 芯片能够将电流限制在某个范围，这可显著降低系统功耗要求，并且无须大容量电容来维持稳定电压，尤其是在直流电动机启动和停止时。DRV8871 芯片针对故障和短路问题提供了全面保护，包括欠电压锁定、过电流保护和过热保护。当故障排除后，DRV8871 芯片会自动恢复正常工作。

（2）直流电动机驱动模块中的 4 个二极管的作用是什么？

答：由于直流电动机的绕组在运转过程中会产生反向电动势，而这个反向电动势会对 DRV8871 芯片形成冲击，从而损坏 DRV8871 芯片，所以在 DRV8871 芯片的 6 引脚、8 引脚连接线上各加上两个二极管以进行保护。

特别提醒

为安全起见，本系统上电前，功能选择开关必须被置于中间（停止功能）位置。

项目 23 基于 L297 芯片和 L298 芯片组合的步进电动机驱动电路系统设计

设计任务

设计一个基于 L297 芯片和 L298 芯片组合的步进电动机驱动电路，以实现步进电动机的正转、反转、停止功能。

基本要求

☺ 控制信号电压为直流5V。
☺ 步进电动机电压为直流3～46V。
☺ 带正、反转开关控制。
☺ 能够实现步进电动机的正转、反转、停止功能。

总体思路

本设计主要将 L297 芯片和 L298 芯片组合起来驱动步进电动机，并通过开关控制步进电动机的转向。

系统组成

整个基于 L297 芯片和 L298 芯片组合的步进电动机驱动电路系统主要分为以下几个模块。
☺ 开关模块。
☺ 基于 L297 芯片的步进电动机驱动模块。
☺ 基于 L298 芯片的步进电动机驱动模块。
基于 L297 芯片和 L298 芯片组合的步进电动机电路系统框图如图 23-1 所示。

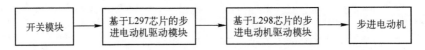

图 23-1 基于 L297 芯片和 L298 芯片组合的步进电动机电路系统框图

电路原理图（见图23-2）

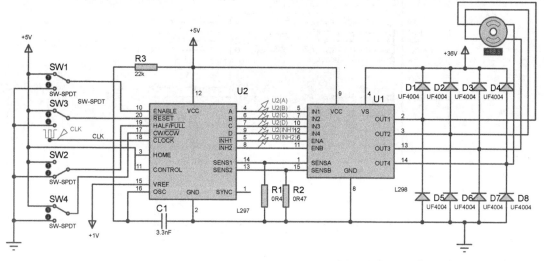

图23-2　电路原理图

模块详解

1. 开关模块

由于需要外接信号来控制步进电动机的转动和转动方向，所以这里设计了一个开关模块，以提供外部信号，如图23-3所示。

2. 基于L297芯片的步进电动机驱动模块

基于L297芯片的步进电动机驱动模块如图23-4所示。其中，L297芯片可产生4相驱动信号，以控制两相双极性或4相单极性步进电动机的运转。

L297芯片的引脚功能如下。

（1）1引脚：斩波器输出端。如果多个L297芯片进行同步控制，则所有的1引脚都要连在一起，共同使用一个振荡电路。如果使用外部时钟信号，则将外部时钟信号输入此引脚上。

（2）2引脚：接地端。

（3）3引脚：集电极开路输出端。

（4）4引脚：输出A相驱动信号。

（5）5引脚：A相和B相驱动信号控制端。当在此引脚输入低电平信号时，A相和B相的驱动信号被禁止输出。

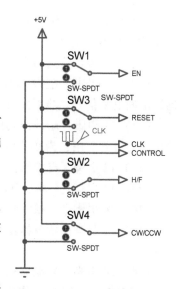

图23-3　开关模块

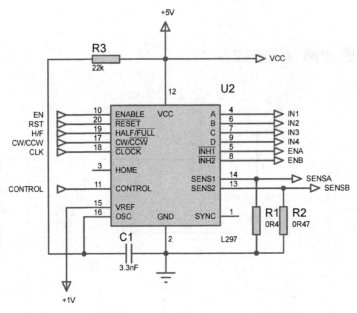

图 23-4　基于 L297 芯片的步进电动机驱动模块

（6）6 引脚：输出 B 相驱动信号。

（7）7 引脚：输出 C 相驱动信号。

（8）8 引脚：C 相和 D 相驱动信号控制端。当在此引脚输入低电平信号时，C 相和 D 相驱动信号被禁止输出。

（9）9 引脚：输出 D 相驱动信号。

（10）10 引脚：L297 芯片的使能输入端。当在此引脚输入低电平信号时，4 ～ 8 引脚均输出低电平信号。当系统被复位时，此引脚信号可以阻止步进电动机的驱动。

（11）11 引脚：斩波器功能控制端。当在此引脚输入低电平信号时，5 引脚和 8 引脚输出的信号起作用；当在此引脚输入高电平信号时，4、6、7、9 引脚输出的信号起作用。

（12）12 引脚：电源端。

（13）13 引脚：C 相、D 相步进电动机绕组电流检测电压反馈输入端。

（14）14 引脚：A 相、B 相步进电动机绕组电流检测电压反馈输入端。

（15）15 引脚：斩波器基准电压输入端。加到此引脚的电压决定步进电动机绕组电流的峰值。

（16）16 引脚：斩波器频率输入端。此引脚连接一个 RC 网络，以决定斩波器频率。在多个 L297 芯片同步工作时，其中一个 L297 芯片的 16 引脚连一个接 RC 网络，其余 L297 芯片的 16 引脚均接地。

（17）17 引脚：方向控制端。步进电动机实际转动方向由步进电动机绕组的连接方式决定。当改变此引脚电平状态时，步进电动机向相反方向转动。

（18）18 引脚：步进时钟信号输入端。

（19）19 引脚：半步、全步方式选择端。当在此引脚输入高电平信号时，步进电动机工作于半步方式（4 相 8 拍）；当在此引脚输入低电平信号时，步进电动机工作于全步方式。

（20）20 引脚：复位输入端。

182

3. 基于 L298 芯片的步进电动机驱动模块

基于 L298 芯片的步进电动机驱动模块如图 23-5 所示。其中，L298 芯片是一种高电压、大电流步进电动机驱动芯片，其内部包含 4 通道逻辑驱动电路。

L298 芯片的主要特点：工作电压高，最高工作电压可达 46V；输出电流大，瞬间峰值电流可达 3A，持续工作电流为 2A；最大功率为 25W；L298 芯片内部包含两个 H 桥的高电压大电流全桥式驱动器，可以用来驱动直流电动机、步进电动机、继电器线圈等感性负载；采用标准逻辑电平信号控制；具有两个使能控制端；将 L298 芯片的两个使能控制端置高电平，便不可以对步进电动机进行调速。

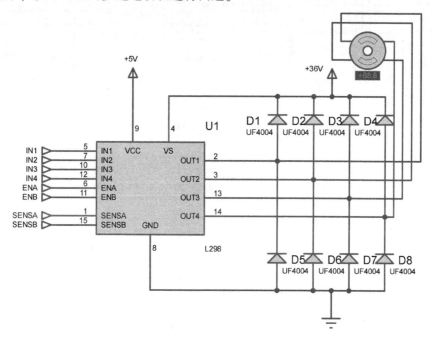

图 23-5　基于 L298 芯片的步进电动机驱动模块

 调试与仿真

对基于 L297 芯片和 L298 芯片组合的步进电动机驱动电路系统进行以下仿真。

（1）当开关 SW4 处于低电平状态时，步进电动机正转，如图 23-6 所示。步进电动机正转功能仿真波形如图 23-7 所示。此时，L297 芯片的 19 引脚处于高电平状态，步进电动机工作于半步方式（4 相 8 拍）。

（2）当开关 SW4 处于高电平状态时，步进电动机反转，如图 23-8 所示。步进电动机反转功能仿真波形如图 23-9 所示。此时，L297 芯片的 19 引脚处于高电平状态，步进电动机工作于半步方式。

（3）步进电动机工作于全步方式仿真如图 24-10 所示。步进电动机工作于全步方式仿真波形如图 24-11 所示。此时，L297 芯片的 19 引脚处于低电平状态，步进电动机工作于全步方式。

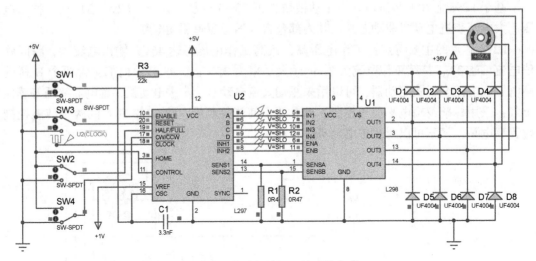

图 23-6　步进电动机正转功能仿真

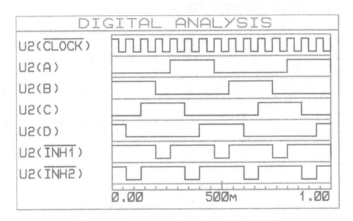

图 23-7　步进电动机正转功能仿真波形

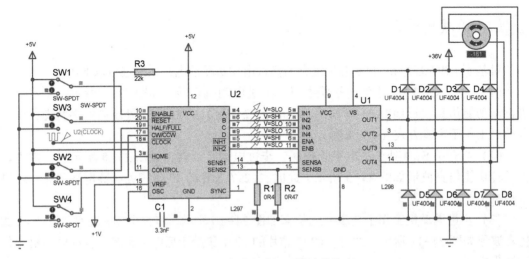

图 23-8　步进电动机反转功能仿真

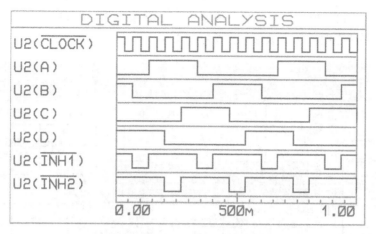

图 23-9 步进电动机反转功能仿真波形

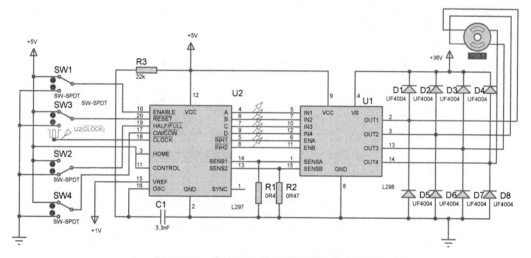

图 23-10 步进电动机工作于全步方式仿真

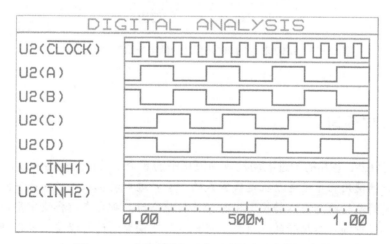

图 23-11 步进电动机工作于全步方式仿真波形

185

（4）L297 芯片的 20 引脚处于低电平状态时的仿真如图 23-12 所示。L297 芯片的 20 引脚处于低电平状态时的仿真波形如图 23-13 所示。

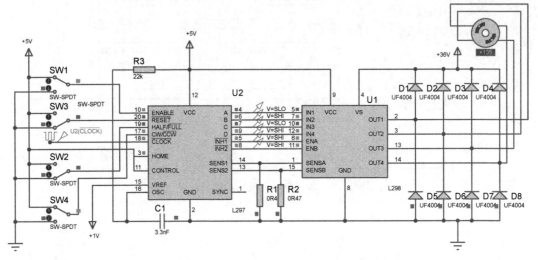

图 23-12　L297 芯片的 20 引脚处于低电平状态时的仿真

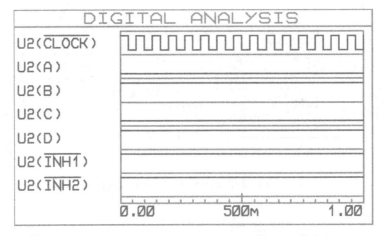

图 23-13　L297 芯片的 20 引脚处于低电平状态时的仿真波形

 思考与练习

（1）基于 L298 芯片的步进电动机驱动模块中的 8 个二极管的作用是什么？

答：本设计使用的步进电动机是线圈式的。当步进电动机从运行状态突然转换到停止状态或从顺时针旋转状态突然转换到逆时针旋转状态时，都会在该模块中形成很大的反向电流。在该模块中加入二极管的作用就是将产生的反向电流进行泄流，以保护 L298 芯片。

（2）L298 芯片为什么要跟 L297 芯片组合使用？这样有什么好处？

答：L298 芯片只是一个由两个独立半桥组成的全桥电路，既可驱动两个有刷电动机，也可驱动一个两相步进电动机。L297 芯片是一款步进脉冲时序分配器，可以驱动任何两个半桥和一组全桥电路。L298 芯片也可由单片机、其他脉冲时序分配器驱动。L297 芯片和 L298 芯片组合的步进电动机驱动电路系统，使步进电动机只需步进脉冲、正/反转两个控制信号即可，大大缩短了该系统设计时间。

 特别提醒

当完成基于 L297 芯片和 L298 芯片组合的步进电动机驱动电路系统各模块设计后，必须对各模块进行适当的连接，并考虑元器件之间的相互影响。

项目 24 基于 TB6612FNG 芯片的双直流电动机驱动电路系统设计

设计任务

设计一个基于 TB6612FNG 芯片的双直流电动机驱动电路，以实现直流电动机的正转、反转、停止等功能。

基本要求

本设计使用的是两个直流电动机。为了检查直流电动机的正转、反转两种状态，本设计接入一个 LED。

☺ 能够实现两路直流电动机的正转、反转功能。

☺ 带正转、反转指示灯和电源指示灯。

☺ 通过单片机可以进行直流电动机调速。

总体思路

本设计主要运用 TB6612FNG 芯片来驱动直流电动机。可以在 TB6612FNG 芯片的输出端口分别驱动两个直流电动机，并通过 LED 判断直流电动机的转向。

系统组成

整个基于 TB6612FNG 芯片的双直流电动机驱动电路系统主要分为以下几个模块。

☺ 串口下载模块：把在计算机上编写好的程序下载到 AT89C51 单片机中。

☺ 单片机模块。

☺ 直流电动机驱动模块：可驱动两路直流电动机。

☺ 直流电动机模块。

基于 TB6612PNG 芯片的双直流电动机驱动电路系统框图如图 24-1 所示。

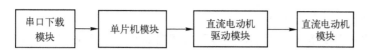

图 24-1　基于 TB6612PNG 芯片的双直流电动机驱动电路系统框图

电路原理图（见图 24-2）

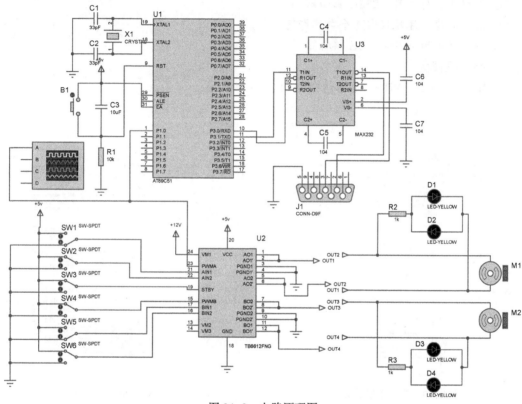

图 24-2　电路原理图

 模块详解

1. 串口下载模块

要把在计算机上编写好的程序下载到 PCB 上的单片机内，就必须设计串口下载模块。串口下载模块如图 24-3 所示。

在图 24-3 中，串口采用的是 D9 串口母座，与 MAX232 芯片共同构成串口下载模块。其中，MAX232 芯片的 12 引脚和 11 引脚接 AT89C51 单片机的 P3.0 引脚和 P3.1 引脚，以便把程序下载到 AT89C51 单片机内。

AT89C51 单片机提供的引脚电平与 RS-232 标准的不一样，必须对 AT89C51 单片机的引脚电平进行电平转换后才能使 AT89C51 单片机与计算机进行通信。本设计采用

MAX232 芯片进行这个电平转换。

MAX232 芯片是具有 RS-232 标准串口的单电源电平转换芯片，使用正 5V 单电源供电。MAX232 芯片的主要特点如下。

☺ 符合 RS-232 技术标准。

☺ 只需正 5V 单电源供电。

☺ 片载电荷泵具有升压、电压极性反转能力，能够产生正、负 10V 电压。

☺ 功耗低，典型供电电流为 5mA。

☺ 内部集成两个 RS-232C 驱动器。

☺ 高集成度，片外只需 4 个电容即可工作。

☺ 内部集成两个 RS-232C 接收器。

2. 单片机模块

单片机模块采用 AT89C51 单片机，如图 24-4 所示。

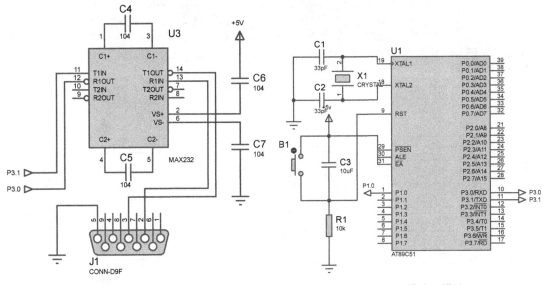

图 24-3 串口下载模块   图 24-4 单片机模块

在图 24-4 中，电容 C3、电阻 R1 及开关 B1 构成复位电路；X1、C1、C2 构成时钟电路；AT8951 单片机的 P3.0、P3.1 引脚连接串口下载模块；P1.0 引脚连接 TB6612FNG 芯片的 PWMA 引脚。

3. 直流电动机驱动模块

直流电动机驱动模块如图 24-5 所示。其中，TB6612FNG 芯片是一款电机驱动芯片。

在图 24-5 中，TB6612FNG 芯片的 PWMA/PWMB 引脚信号为脉冲宽度调制信号（其频率可达 100kHz），通过在计算机上编程可以设定其占空比，以改变转速；将 TB6612FNG 芯片的 STBY 引脚信号置 0，可以使直流电动机停止；当将 TB6612FNG 芯片的 STBY 引脚信号置 1 时，通过 TB6612FNG 芯片的 AIN1/AIN2/BIN1/BIN2 引脚信号控制直流电动机的正/反转。TB6612FNG 芯片的供电电压为 15V（最大值），输出电流为 1.2A（平均值），而输出电流最大值为 3.2A；TB6612FNG 芯片内部具有低压检测电路与热停机保护电路；TB6612FNG 芯片的工作温度为 -20 ～ 85℃。TB6612FNG 芯片的引脚信号与直

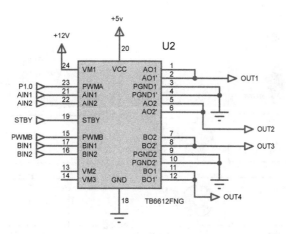

图 24-5　直流电动机驱动模块

流电动机运行状态的关系如表 24-1 所示。

表 24-1　TB6612FNG 芯片的引脚信号与直流电动机运行状态的关系

AIN1/BIN1 引脚信号	AIN2/BIN2 引脚信号	PWMA/PWMB 引脚信号	STBY 引脚信号	直流电动机 M1/M2 运行状态
1	1	1/0	1	短制动
0	1	1	1	反转
		0	1	短制动
1	0	1	1	正转
		0	1	短制动
0	0	1	1	停止
1/0	1/0	1/0	0	待机

4. 直流电动机模块

直流电动机模块如图 24-6 所示。下面对该模块进行仿真。

（1）当 TB6612FNG 芯片的 AIN1/BIN1 引脚电平为高电平、AIN2/BIN2 引脚电平为低电平、PWMA/PWMB 引脚电平为高电平、STBY 引脚电平为高电平时，直流电动机 M1、M2 正转且发光二极管 D2、D4 亮，如图 24-7 所示。

（2）当 TB6612FNG 芯片的 AIN1/BIN1 引脚电平为高电平、AIN2/BIN2 引脚电平为低电平、PWMA/PWMB 引脚电平为低电平、STBY 引脚电平为高电平时，直流电动机 M1、M2 短制动，如图 24-8 所示。

（3）当 TB6612FNG 芯片的 AIN1/BIN1 引脚电平为低电平、AIN2/BIN2 引脚电平为高电平、PWMA/PWMB 引脚电平为高电平、STBY 引脚电平为高电平时，直流电动机 M1、M2 反转且发光二极管 D1、D3 亮，如图 24-9 所示。

（4）当 TB6612FNG 芯片的 AIN1/BIN1 引脚电平为低电平，AIN2/BIN2 引脚电平为高电平、PWMA/PWMB 引脚电平为低电平、STBY 引脚电平为高电平时，直流电动机 M1、M2 为短制动，如图 24-10 所示。

191

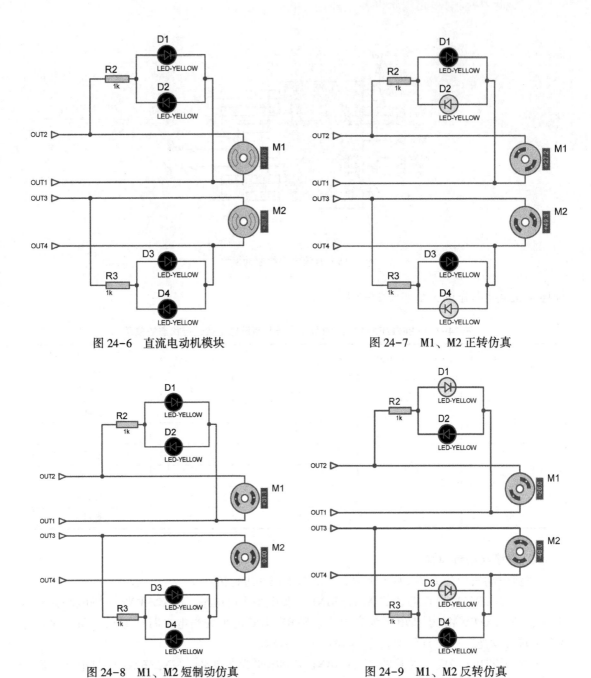

图 24-6 直流电动机模块　　　　　　　　图 24-7　M1、M2 正转仿真

图 24-8　M1、M2 短制动仿真　　　　　　图 24-9　M1、M2 反转仿真

（5）当 TB6612FNG 芯片的 AIN1/BIN1 和 AIN2/BIN2 引脚电平均为高电平、PWMA/PWMB 引脚电平为任意状态，STBY 引脚电平为高电平时，直流电动机 M1、M2 为短制动，如图 24-11 所示。

（6）当 TB6612FNG 芯片的 AIN1/BIN1 引脚和 AIN2/BIN2 引脚电平均为低电平、PWMA/PWMB 和 STBY 引脚电平为高电平时，直流电动机 M1、M2 停止，如图 24-12 所示。

（7）当 TB6612FNG 芯片的 STBY 引脚为低电平，AIN1/BIN1、AIN2/BIN2、PWMA/PWMB 引脚为任意状态时，直流电动机 M1、M2 待机，如图 24-14 所示。

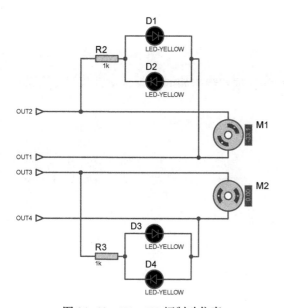

图 24-10　M1、M2 短制动仿真

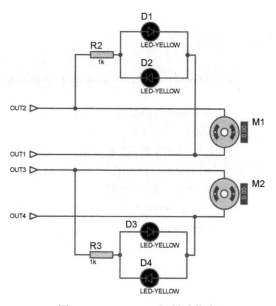

图 24-11　M1、M2 短制动仿真

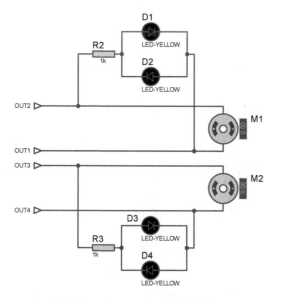

图 24-12　M1、M2 停止仿真

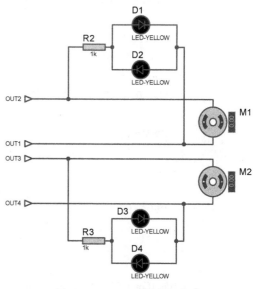

图 24-13　M1、M2 待机仿真

　　为了做出比较，TB6612FNG 芯片的 PWMA 引脚信号由 AT89C51 单片机控制，可对直流电动机 M1 进行调速。D1、D2 为检测直流电动机 M1 状态的发光二极管；D3、D4 为检测直流电动机 M2 状态的发光二极管。

　　可以通过下述的 C 语言程序对直流电动机 M1 进行调速。

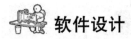 **软件设计**

本设计使用 AT89C51 单片机来实现控制功能，编写程序如下：

```c
#include <reg52. h>
sbit PWM = P1^0;
//定义使用的 I/O 接口
unsigned char timer1;
//定义一个全局变量
void Time1Config( );
void main(void)
{
  Time1Config( );
  while(1)
  {
    if(timer1>100)
    //PWM 信号周期为 100×0.5ms
    {
       timer1 = 0;
    }
    if(timer1 < 30)
    //改变 30 这个值可以改变直流电动机的转速
    {
       PWM = 1;
    }
    Else
    {
       PWM = 0;
    }
  }
}
void Time1Config( )
//设置定时器工作方式
{
    TMOD| = 0x10;
    TH1 = 0xFE;
    //给定时器赋初始值
    TL1 = 0x0C;
    ET1 = 1;
    //开启定时器 1 中断
    EA = 1;
```

194

```
    TR1 = 1;
}
void Time1(void) interrupt 3
//定时器1的中断函数
{
    TH1 = 0xFE;
    //重新给定时器赋初始值
    TL1 = 0x0C;
    timer1++;
}
```

 调试与仿真

将程序下载到 AT89C51 单片机内，对基于 TB6612FNG 芯片的双直流电动机驱动电路系统进行仿真，如图 24-14 所示。TB6612FNG 芯片的 23 引脚信号仿真波形如图 24-15 所示。从图 24-15 可以看出，该系统满足设计要求。

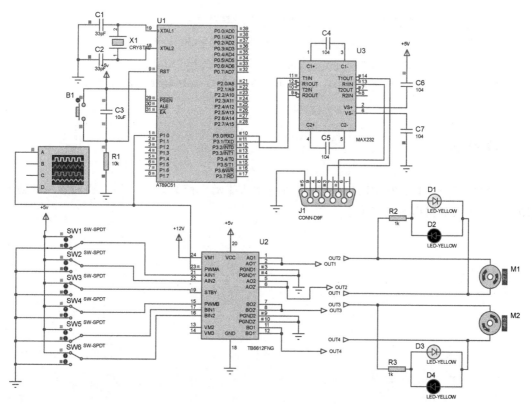

图 24-14　基于 TB6612FNG 芯片的双直流电动机驱动电路系统仿真

195

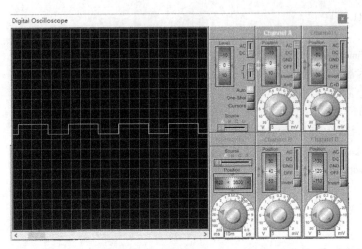

图 24-15　TB6612FNG 芯片的 23 引脚信号仿真波形

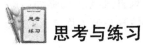 **思考与练习**

（1）在串口下载模块中，MAX232 芯片的作用是什么？

答：在串口下载模块中，MAX232 芯片起到电平转换的作用。

（2）在直流电动机模块中，D1 ～ D4 的作用是什么？

答：在直流电动机模块中，D1 ～ D4 起到检测直流电动机状态的作用。

 特别提醒

当完成基于 TB6612FNG 芯片的双直流电动机驱动电路系统设计后，要对该系统进行测试，看接线和供电是否正常。

项目 25　基于 ULN2003A 芯片的步进电动机驱动电路系统设计

设计任务

设计一个基于 ULN2003A 芯片的步进电动机驱动电路，以实现步进电动机的正转、反转、停止功能。

基本要求

☺ 通过 AT89C51 单片机实现对步进电动机的控制。
☺ 通过按键控制步进电动机正转和反转的旋转角度。

总体思路

通过 AT89C51 单片机实现对步进电机的正转、反转、停止功能。AT89C51 单片机外接正转、反转两个按键，以控制步进电动机正转和反转的旋转角度。

系统组成

整个基于 ULN2003A 芯片的步进电动机驱动电路系统主要分为以下两个模块。
☺ 单片机模块。
☺ 步进电动机驱动模块。
基于 ULN2003A 芯片的步进电动机驱动电路系统框图如图 25-1 所示。

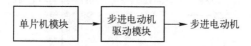

图 25-1　基于 ULN2003A 芯片的步进电动机驱动电路系统框图

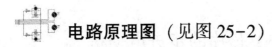

电路原理图（见图 25-2）

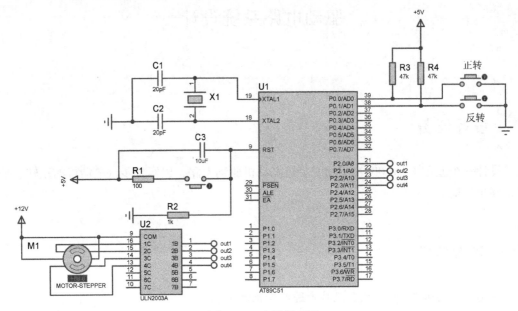

图 25-2　电路原理图

 模块详解

1. 单片机模块

单片机模块主要包括复位电路、时钟电路、AT89C51 单片机，如图 25-3 所示。

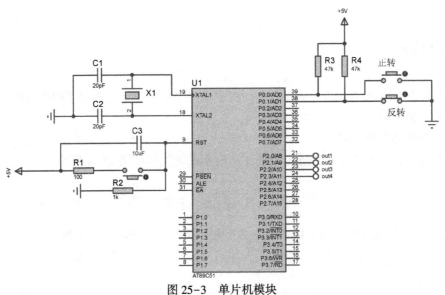

图 25-3　单片机模块

1）复位电路

AT89C51 单片机复位时需要一个长达 24 个时钟周期的高电平。复位的作用就是使程序的指针指向地址 0。因为每个程序都是从地址 0 开始执行，所以复位就是让程序从头开始执行。

如图 25-4 所示，该复位电路具有上电复位的功能。

在图 25-4 中，当按下按键时，RST 引脚的电平变为（10/11）×5V，这是一个高电平，此时便给 AT89C51 单片机输入一个高电平复位信号。

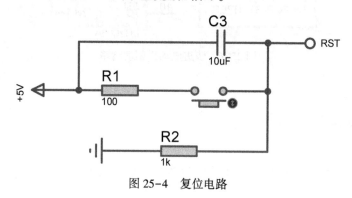

图 25-4　复位电路

2）时钟电路

时钟电路如图 25-5 所示。在 XTAL1 引脚之间和 XTAL2 引脚之间跨接一个石英晶体和两个补偿电容，从而构成一个晶体振荡器。可以根据情况选择 6MHz、8MHz 或 12MHz 等频率的石英晶体，而补偿电容通常选择 20 ~ 30pF 左右的瓷片电容。

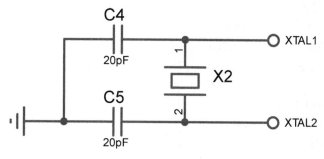

图 25-5　时钟电路

3）AT89C51 单片机

AT89C51 单片机具有 4KB Flash 存储器、256B 片内数据存储器、32 个 I/O 接口、2 个 16 位定时/计数器、1 个两级中断结构、1 个全双工串行通信接口。AT89C51 单片机处于空闲方式时，会停止 CPU 的工作，但允许片内数据存储器、定时/计数器、串行通信接口及中断系统继续工作。

2. 步进电动机驱动模块

步进电动机驱动电路如图 25-6 所示。ULN2003A 芯片采用双列 16 引脚封装，输出电流大，多用于单片机、智能仪表、PLC、数字量输出卡等控制电路中，可直接驱动继电器等负载。

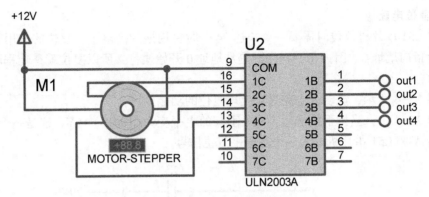

图 25-6 步进电动机驱动电路

 软件设计

本设计使用 AT89C51 单片机来实现控制功能，编写程序如下：

```
            ORG         00H
START:      MOV         DPTR,#TAB1
            MOV         R0,#3
            MOV         R4,#0
            MOV         P2,R0
;初始角度设为 0
WAIT:       MOV         P0,#0FFH
            JNB         P0.0,POS
;判断键盘状态
            JNB         P0.1,NEG
            SJMPWAIT
POS:        MOV         R4,#1
            MOV         A,R4
;正转 9°
            MOVC        A,@ A+DPTR
            MOV         P2,A
            ACALL       DELAY
            INC         R4
            AJMPKEY
NEG:        MOV         R4,#7
            MOV         A,R4
;反转 9°
            MOVC        A,@ A+DPTR
            MOV         P2,A
            ACALL       DELAY
```

200

```
              AJMPKEY
KEY：   MOV      P0,#03H
        JB       P0.0,FZ1
        INC      R4
        CJNE     R4,#9,LOOPP
        MOV      R4,#1
LOOPP： MOV      A,R4
        MOVC     A,@A+DPTR
        MOV      P2,A
        ACALL    DELAY
        AJMPKEY
NR1：   JB       P0.1,KEY
        DEC      R4
        CJNE     R4,#255,LOOPN
        MOV      R4,#8
LOOPN： MOV      A,R4
        MOVC     A,@A+DPTR
        MOV      P2,A
        ACALL    DELAY
        AJMP KEY
DELAY： MOV      R6,#5
DD1：   MOV      R5,#080H
DD2：   MOV      R7,#0
DD3：   DJNZ     R7,DD3
        DJNZ     R5,DD2
        DJNZ     R6,DD1
RET
TAB1：  DB0      2H,06H,04H,0CH
        DB0      8H,09H,01H,03H
        END
```

 调试与仿真

对基于 ULN2003A 芯片的步进电动机驱动电路系统进行以下仿真。

（1）按下正转按键时步进电动机驱动信号仿真波形如图 25-7 所示。

（2）按下反转按键时步进电机驱动信号波形如图 25-8 所示。

（3）当正转按键和反转按键都不被按下时，步进电动机既不正转也不反转，如图 25-9 所示。

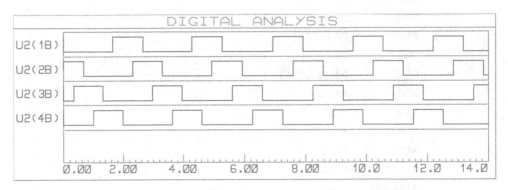

图 25-7　按下正转按键时步进电动机驱动信号仿真波形

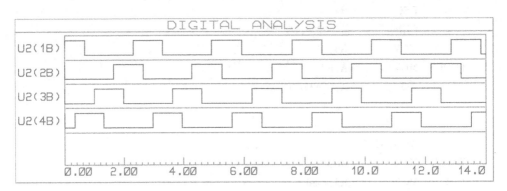

图 25-8　按下反转按键时步进电机驱动信号波形

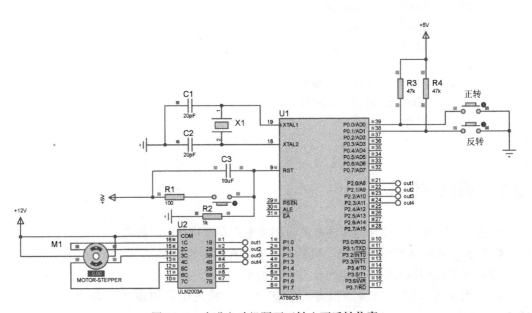

图 25-9　步进电动机既不正转也不反转仿真

（4）当每按下一次正转按键时，步进电动机正转 45°，如图 25-10 所示。

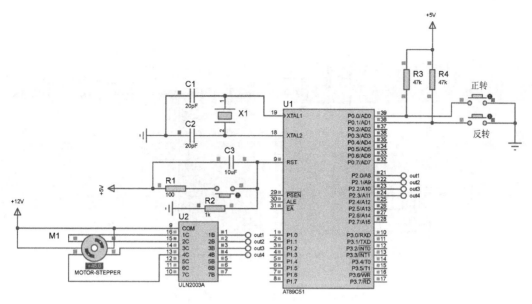

图 25-10　步进电动机正转 45°仿真

（5）当每按下一次反转按键时，步进电动机反转 45°，如图 25-11 所示。

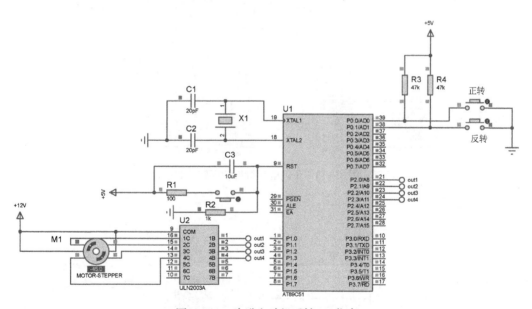

图 25-11　步进电动机反转 45°仿真

（6）当长按正转按键时，步进电动机持续正转，如图 25-12 所示。

（7）当长按反转按键时，步进电动机持续反转，如图 25-13 所示。

（8）当松开正转或反转按键时，步进电动机立即停止转动，如图 25-14 所示。

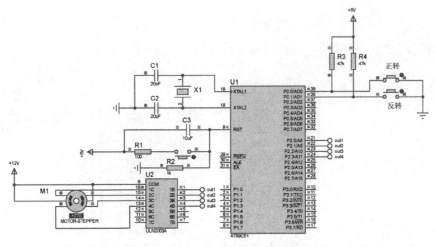

图 25-12　步进电动机持续正转仿真

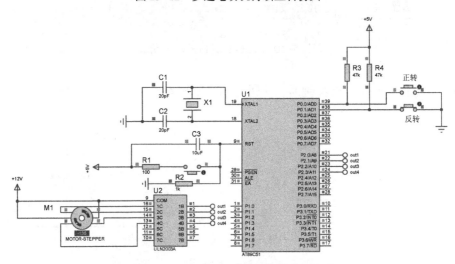

图 25-13　步进电动机持续反转仿真

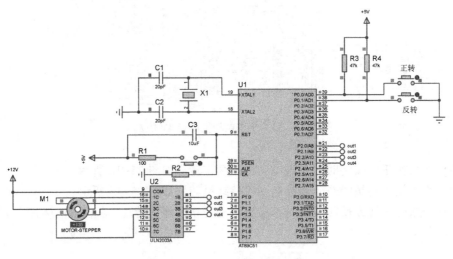

图 25-14　步进电动机停止仿真

204

 **思考与练习**

步进电动机分为几种？它们的控制方式是否相同？

答：步进电动机有三线式、四线式、六线式3种。这几种步进电动机的控制方式均相同。这几种步进电动机均通过脉冲电流被驱动。

 特别提醒

当完成基于 ULN2003A 芯片的步进电动机驱动电路系统设计后，要对该系统进行测试，看接线和供电是否正常。

项目 26　基于 DRV8816 芯片的直流电动机驱动电路系统设计

 设计任务

设计一个基于 DRV8816 芯片的直流电动机驱动电路，以实现直流电动机的正转、反转、停止功能。

 基本要求

本设计使用的是直流电动机。为了检查直流电动机的正转、反转两种状态，接入 LED，以便检测这两种状态。

☺ 实现直流电动机的正转、反转、停止功能。

☺ 带正转、反转指示灯和电源指示灯。

总体思路

本设计采用 DRV8816 芯片来驱动直流电动机，通过功能选择开关控制直流电动机的正转、反转状态，并通过 LED 判断直流电动机的旋转方向。

系统组成

整个基于 DRV8816 芯片的直流电动机驱动电路系统主要分为以下 3 个模块。

☺ 功能选择模块：实现直流电动机的正转、反转和停止功能选择。

☺ 直流电动机驱动模块：驱动直流电动机工作。

☺ 方向指示模块：指示直流电动机的旋转方向。

基于 DRV8816 芯片的直流电动机驱动电路系统框图如图 26-1 所示。

图 26-1　基于 DRV8816 芯片的直流电动机驱动电路系统框图

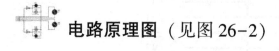 **电路原理图**（见图 26-2）

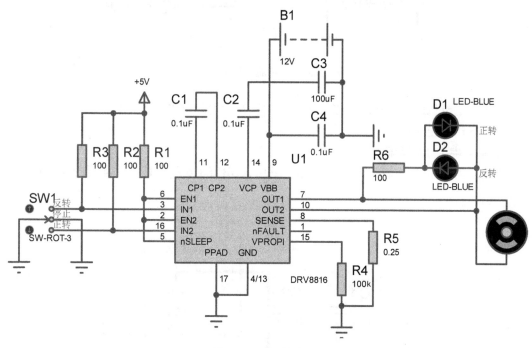

图 26-2　电路原理图

 模块详解

1. 功能选择模块

功能选择模块如图 26-3 所示。本设计通过一个三选一的功能选择开关选择直流电动机的 3 种状态。由于 DRV8816 芯片的控制端电压范围为 0.8 ～ 5.5V，因此这里选择正 5V 供电电源。输出高电平为 +5V，低电平为 0V（接地）。使能端 EN1 与 EN2 为高电平有效，低电平则为高阻状态芯片无法工作，故需要一直保持高电平。

当三选一开关选择为最上端时，此时 IN1 输出为低电平，IN2 输出为高电平，实现了电机的反转状态；当三选一开关选择为最下端时，此时 IN2 输出为低电平，IN1 输出为高

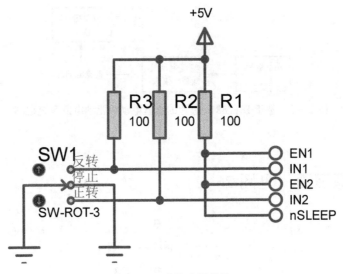

图 26-3　功能选择模块

电平，实现了电机的正转状态；当三选一开关选择为中间位置时，此时 IN1 与 IN2 均输出低电平，电机停止转动。

2. 直流电动机驱动模块

直流电动机驱动模块如图 26-4 所示。其中，DRV8816 芯片是一款常用的电动机驱动

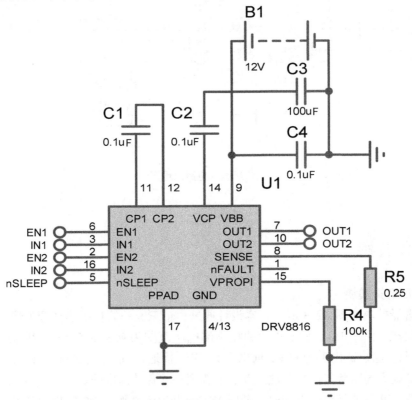

图 26-4　直流电动机驱动模块

芯片，工作电压范围为 8 ～ 38V，输出电流可达 2.8A，有过热关机、过电流保护等自身保护功能，可以驱动一个有刷直流电动机或一个步进电动机等，一般应用于打印机机器人及工业自动化方面。DRV8816 芯片的 CP1/CP2/VBB/VCP 4 个引脚连接 DRV8816 芯片内部的电荷泵。电荷泵用于产生高于 DRV8816 芯片的 VBB 引脚连接的电源电压，以驱动芯片内部的 MOS 管。在 DRV8816 芯片的 CP1 和 CP2 引脚之间连接 0.1uF 陶瓷单片电容器。从 DRV8816 芯片的 VBB 引脚接入 12V 电源，以便 DRV8816 芯片可以稳定工作。DRV8816 芯片的 OUT1 和 OUT2 引脚连接直流电动机。当 DRV8816 芯片的 IN1 和 IN2 引脚电平改变时，DRV8816 芯片的 OUT1 和 OUT2 引脚电平也改变，且直流电动机运行状态也随之发生变化。

DRV8816 芯片的引脚信号与直流电动机运行状态的关系如表 26-1 所示。

表 26-1　DRV8816 芯片的引脚信号与直流电动机运行状态的关系

EN1 引脚信号	EN2 引脚信号	IN1 引脚信号	IN2 引脚信号	OUT1 引脚信号	OUT2 引脚信号	直流电动机运行状态
0	X	X	X	Z	1	关
X	0	X	X	1	Z	关
1	1	0	0	L	L	停止
1	1	0	1	L	H	反转
1	1	1	0	H	L	正转
1	1	1	1	H	H	停止

3. 方向指示模块

方向指示模块由电阻与两个 LED 构成，如图 26-5 所示。

下面对方向指示模块进行以下仿真。

（1）当 DRV8816 芯片的 IN1 引脚为高电平、IN2 引脚为低电平时，直流电动机正转，此时 D1 亮，如图 26-6 所示。

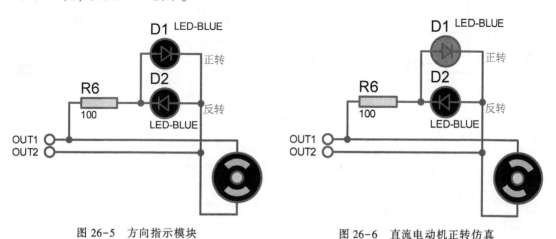

图 26-5　方向指示模块　　　　　图 26-6　直流电动机正转仿真

（2）当 DRV8816 芯片的 IN1 引脚为低电平、IN2 引脚为高电平时，直流电动机反转，此时 D2 亮，如图 26-7 所示。

（3）当 DRV8816 芯片的 IN1 与 IN2 引脚为相同电平时，直流电动机停止，此时 D1 与 D2 灭，如图 26-8 所示。

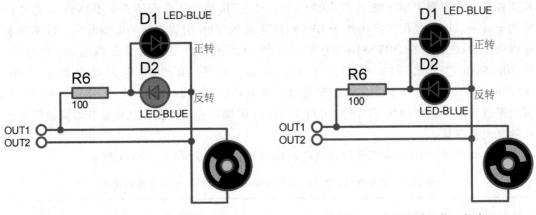

图 26-7　直流电动机反转仿真　　　　　图 26-8　直流电动机停止仿真

 调试与仿真

对所设计的基于 DRV8816 芯片的直流电动机驱动电路系统进行仿真，如图 26-9 所示。以仿真结果可以看出，该系统满足设计要求。

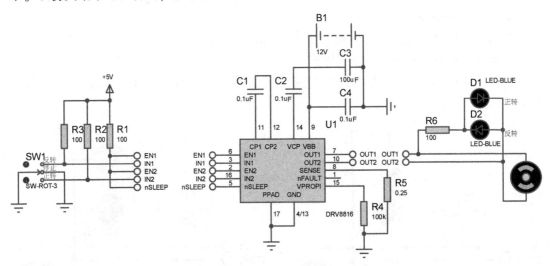

图 26-9　基于 DRV8816 芯片的直流电动机驱动电路系统仿真

 思考与练习

（1）使用 DRV8816 芯片时要注意什么？

答：DRV8816 芯片的 EN1/EN2 引脚电压范围应该为 0.8 ～ 5.5V，而从 DRV8816 芯片的 VBB 引脚接入的外部电源电压范围为 8 ～ 38V。

（2）如何实现直流电动机运行状态转换？

答：通过三选一的功能选择开关使 DRV8816 芯片的 IN1 与 IN2 引脚为高/低电平，从而控制直流电动机运行状态。

 特别提醒

为安全起见，本系统上电前，功能选择开关必须被置于中间（停止功能）位置。

项目 27　显示直流电动机转速的数码管驱动电路系统设计

设计任务

设计一个数码管驱动电路，以显示直流电动机转速。

基本要求

☺ 通过 AT89C52 单片机驱动多位数码管显示直流电动机转速。
☺ 运用 74HC74 芯片测量直流电动机转速。

总体思路

本设计通过 AT89C52 单片机驱动数码管显示直流电动机转速；通过一个双刀双掷开关控制直流电动机的旋转方向，通过一个单刀开关控制直流电动机转速。

系统组成

整个显示直流电动机转速的数码管驱动电路系统主要分为 4 个模块。
☺ 电源和开关模块。
☺ 单片机模块。
☺ 数码管模块。
☺ 测速模块。
显示直流电动机转速的数码管驱动电路系统框图如图 27-1 所示。

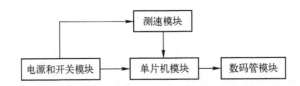

图 27-1　显示直流电动机转速的数码管驱动电路系统框图

电路原理图（见图 27-2）

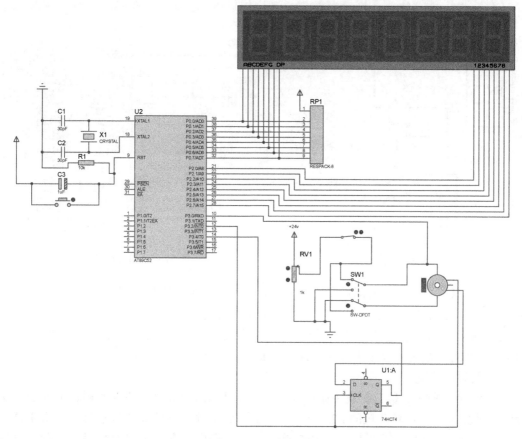

图 27-2　电路原理图

模块详解

1. 电源和开关模块

电源和开关模块如图 27-3 所示。

该模块的电源部分由一个阻值为 1kΩ 的可调电位器和 24V 电源组成。该模块的开关部分由一个单刀开关和一个双刀双掷开关组成。通过双刀双掷开关可以控制直流电动机的正转、反转；通过单刀开关可以控制直流电动机的转速。

2. 单片机模块

单片机模块采用的是 AT89C52 单片机，如图 27-4 所示。AT89C52 单片机是一个低电压、高性能 CMOS 8 位单片机，片内含 8KB 的可反复擦写的 Flash 只读程序存储器和 256B 的随机存取数据存储器（RAM），兼容标准 MCS-51 指令系统，片内置通用 8 位中央处理

213

器和 Flash 存储单元。AT89C52 单片机有 40 个引脚、32 个外部双向输入/输出（I/O）接口、2 个外部中断接口、3 个 16 位可编程定时/计数器、2 个全双工串行通信接口、2 个读/写接口。其中，XTAL1、XTAL2 引脚作为反相放大器的输入端和输出端；RST 引脚为复位端，如果在该引脚上出现两个机器周期以上高电平，则使 AT89C52 单片机复位；P3 接口用来接收控制信号。

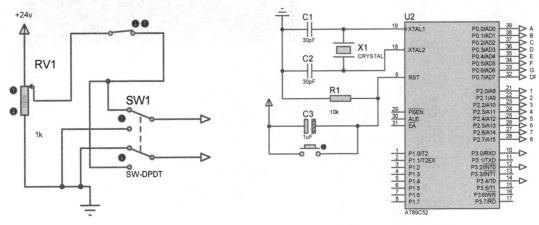

图 27-3　电源和开关模块　　　　　　　　　　图 27-4　单片机模块

单片机模块主要进行内部程序处理，并对采集到的数字量进行译码处理。单片机模块还包括时钟电路和复位电路。其中，复位电路具有上电复位功能。当外接晶振时，C1 和 C2 的值通常选择 30pF。在设计该模块印制电路板时，应将晶振和电容尽可能安装在 AT89C52 单片机附近，以减小寄生电容，保证时钟电路稳定和可靠工作。

3. 数码管模块

如图 27-5 所示，数码管模块通过 AT89C52 单片机的 P0 接口驱动数码管的 8 位段选信号，通过 AT89C52 单片机的 P2.0 ～ P2.7 引脚驱动数码管的 8 个位选信号。由于这里的数码管是共阴极的，所以由 AT89C52 单片机程序产生的高电平驱动数码管。段选口线接排阻是指 AT89C52 单片机的 P0 接口接上排阻。为了提高 AT89C52 单片机带负载能力，整个数码管模块采用多位数码管动态扫描显示方式。

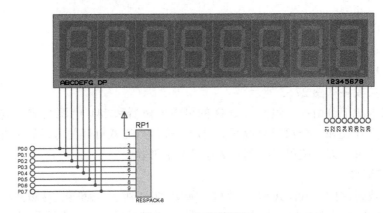

图 27-5　数码管模块

214

4. 测速模块

测速模块是通过 74HC74 芯片测量直流电动机转速的。测速模块如图 27-6 所示。74HC74 芯片是双路 D 型上升沿触发器，带独立的数据（D）引脚、时钟（CLK）引脚、置位（SD）和复位（RD）引脚、互补的 Q 和 Q̄ 引脚。置位和复位信号为异步低电平有效且不依赖于时钟引脚。74HC74 芯片的 D 引脚信号在时钟信号上升沿时刻传输到 74HC74 芯片的 Q 引脚。为了获得预想中的结果，74HC74 芯片的 D 引脚信号必须在时钟信号上升沿来临之前保持、稳定一段时间。

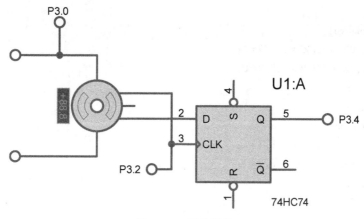

图 27-6　测速模块

本设计是根据时钟信号的脉冲数测量直流电动机的转速，并通过 AT89C52 单片机程序将该转速转换成数字信号后，送给数码管模块来显示。

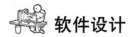 **软件设计**

本设计使用 AT89C52 单片机来实现控制功能，编写程序如下：

```
#include <reg52. h>
sbit P20=P2. 0;
sbit P21=P2. 1;
sbit P22=P2. 2;
sbit P23=P2. 3;
sbit P24=P2. 4;
sbit P25=P2. 5;
sbit P26=P2. 6;
sbit P27=P2. 7;
sbit P30=P3. 0;
Unsigned int ge,shi,bai,qian,g,s,b;
unsigned int j=0,getdata=0,t;
Unsigned char code table[ ] = {0x3f,0x06,0x5b,0x4f,0x66,0x6d,0x7d,0x07,0x7f,0x6f};
void delay(unsigned int z)
```

```c
//延时
{
    unsigned char x,y;
    for(x=z;x>0;x--)
        for(y=110;y>0;y--);
}
void display()
//显示
{
P0=table[ge];
P20=1;P21=1;P22=1;P23=1;
P24=1;P25=1;P26=1;P27=0;
delay(5);
P0=0x00;
P0=table[shi];
P20=1;P21=1;P22=1;P23=1;
P24=1;P25=1;P26=0;P27=1;
delay(5);
P0=0x00;
P0=table[bai];
P20=1;P21=1;P22=1;P23=1;
P24=1;P25=0;P26=1;P27=1;
delay(5)
P0=0x00;
P0=table[qian];
P20=1;P21=1;P22=1;P23=1;
P24=0;P25=1;P26=1;P27=1;
delay(5);
P0=0x00;
if(P30==0)
P0=0x40;
P20=0;P21=1;P22=1;P23=1;
P24=1;P25=1;P26=1;P27=1;
delay(50);
P0=0x00;
}
void init()
//初始化
{
    TMOD=0X11;
    //开启定时器 0 和定时器 1
    EX0=1;
    //允许开启外部中断 0
```

216

```c
    ITO = 1;
    //设置中断 0 下降沿触发
    EA = 1;
    //总开关开启
    ETO = 1;
    //定时器 0 溢出中断允许
    TR0 = 1;
    //启动定时器 0
    TH0 = (65536-1000)/256;
    //定时 1ms
    TL0 = (65536-1000)%256;
}
void main()
//主程序
{
    init();
    while(1)
    {
        ge = getdata%10;
        shi = getdata/10%10;
        bai = getdata/100%10;
        qian = getdata/1000%10;
        display();
    }
}
void int0(void) interrupt 0
//外部中断 0
{
    j++;
}
void Timer0() interrupt 1
//定时器 0 中断
{
    TR0 = 0;
    //关闭定时器 0
    TH0 = (65536-3000)/256;
    TL0 = (65536-3000)%256;
    t++;
    if(t == 1000)
    //设定 1s 判断一次转速
    {
        t = 0;
        getdata = j * 60.0/(24 * 3.0);
```

217

```
//直流电动机转一圈,编码器便产生 24 个脉冲信号
    j=0;
}
TR0=1;
//开启定时器 0,重新定时
}
```

 调试与仿真

对显示直流电动机转速的数码管驱动电路系统进行以下仿真。

（1）将双刀双掷开关置于 SW1 端，合上单刀开关，直流电动机正转且转速很快。数码管显示的直流电动机最高转速为 312r/min，最终稳定在 311r/min，如图 27-7 所示。

图 27-7　直流电动机正转且转速很快时的转速

（2）将双刀双掷开关置于 SW1 端，断开单刀开关，直流电动机正转且转速很慢。数码管显示的直流电动机最低转速为 72r/min，如图 27-8 所示。

图 27-8　直流电动机正转且转速很慢时的转速

（3）将双刀双掷开关置于 SW-DPDT 端，合上单刀开关，直流电动机反转且转速很快。数码管显示的直流电动机最低转速为-354r/min，如图 27-9 所示。

图 27-9　直流电动机反转且转速很快时的转速

（4）将双刀双掷开关置于 SW-DPDT 端，断开单刀开关，直流电动机反转且最终停止转动。数码管显示的直流电动机最低转速为 0r/min，如图 27-10 所示。

218

图 27-10　直流电动机停止转动时的转速

（5）按下复位开关，数码管显示被清零。

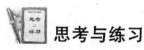

思考与练习

多位数码管动态显示的原理是什么？

答：各个数码管的段码都是由单片机 P0 接口输出的，即各个数码管在每个时刻输入的段码是一样的。为了使各个数码管显示不同的数字，可采用动态显示的方式，即先让最低位数码管显示，经过一段延时，再让次低位数码管显示，再延时，以此类推。由于视觉暂留现象，只要延时的时间够短，就能使多位数码管的显示看起来稳定。

特别提醒

在调试系统过程中，如果发现某些数码管不亮或闪烁，可以修改 AT89C52 单片机程序中的数码显示延时时间。

项目 28 基于单片机的 H 桥电动机驱动电路系统设计

 设计任务

设计一个基于单片机的 H 桥电动机驱动电路，以控制电动机的正转、反转和停止。

 基本要求

☺ AT89C51 单片机产生占空比可调的方波信号。
☺ 电动机的供电电压为 12V。
☺ 控制 AT89C51 单片机相应引脚电平，以实现电动机的正转、反转、停止。

总体思路

运用 AT89C51 单片机产生占空比可调的方波信号，作为 H 桥模块的输入信号，以实现电动机的调速。通过控制 AT89C51 单片机相应引脚电平实现电机的正转、反转和停止。

系统组成

整个基于单片机的 H 桥电动机驱动电路系统主要分为以下 3 个模块。
☺ 控制信号模块。
☺ 单片机模块。
☺ H 桥模块。
基于单片机的 H 桥电动机驱动电路系统框图如图 28-1 所示。

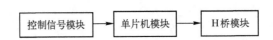

图 28-1　基于单片机的 H 桥电动机驱动电路系统框图

电路原理图（见图 28-2）

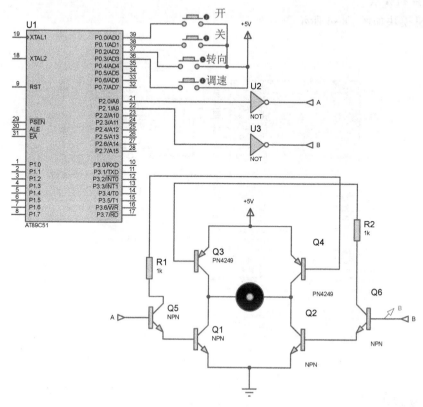

图 28-2　电路原理图

模块详解

1. 控制信号模块

由于需要外部信号来控制电动机的转动和转向，所以这里设计了一个控制信号模块，如图 28-3 所示。

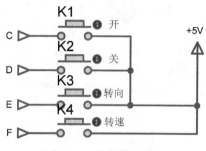

图 28-3　控制信号模块

221

在图 28-3 中，C ～ F 端分别接 AT89C51 单片机的 P0.0 ～ P0.3 引脚。当按下 K1 按键时，电动机正转；当按下 K2 按键时，电动机停止；当按下 K3 按键时，电动机反转；当按下 K4 按键时，电动机改变转速。

2. 单片机模块

单片机模块如图 28-4 所示。

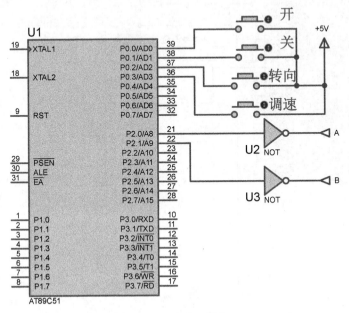

图 28-4　单片机模块

3. H 桥模块

H 桥模块如图 28-5 所示。

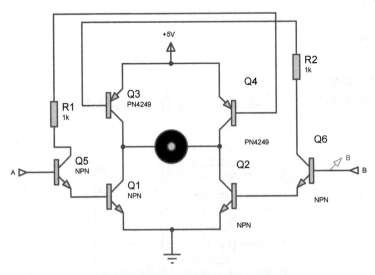

图 28-5　H 桥模块

在图 28-5 中，Q1、Q2、Q5、Q6 为 NPN 型三极管；Q3、Q4 为 PNP 型三极管。通过 AT89C51 单片机 P2.0 引脚和 P2.1 引脚输出方波信号对直流电动机的转向进行控制；通过调节方波信号的占空比对直流电动机的转速进行调节。当 P2.0 引脚输出低电平时，Q5 导通，接着 Q1、Q4 导通，使直流电动机正转；当 P2.1 引脚输出低电平时，Q6 导通，接着 Q2、Q3 导通，直流电动机反转。

软件设计

本设计使用 AT89C51 单片机来实现控制功能，编写程序如下：

```
#include    <reg51.h>    typedef
unsigned    char    uchar;
sbit P0_0 = P0^0;
sbit P0_1 = P0^1;
sbit P0_2 = P0^2;
sbit P0_3 = P0^3;
sbit P2_0 = P2^0;
sbit P2_1 = P2^1;
uchar time = 0;
uchar period = 25;
uchar high = 10;
uchar th1 = 0;
uchar tl1 = 0;
uchar th0 = 0;
uchar tl0 = 0;
void timer0( ) interrupt 1    using 1
{
   TH0 = 0x3c;
   //置定时器初始值
   TL0 = 0xb0;
   time++;
   if( time == high)
   //高电平持续时间结束,变为低电平
   {
      P2_0 = tl0;
      P2_1 = tl1;
   }
   else if( time == period)
   //一个周期时间到,低电平变为高电平
   {
      time = 0;
```

```
        P2_0=th0;
        P2_1=th1;
    }
  }
void    main( )
{
    TMOD=0x01;
    TH0=0x3c;
    //重置定时器初始值,设置方波信号的占空比为1/5
    TL0=0xb0;
    EA=1;
    //开 CPU 中断
    ET0=1;
    //开定时器 0 中断
    TR0=1;
    //启动定时器 0
    if(P0_2==1)
    {
     th0=1;
     tl0=0;
     th1=0;
     tl1=0;
     }
    if(P0_3==1)
    {
     th0=0;
     tl0=0;
     th1=1;
     tl1=0;
    }
    while(1)                //等待中断
    {}
}
```

 调试与仿真

当按下 K1 按键时，电动机启动，并开始正转，如图 28-6 所示。此时，AT89C51 单片机的 P2.0 引脚输出的方波信号仿真波形如图 28-7 所示。

当按下 K3 按键时，电动机改变转向，开始反转，如图 28-8 所示。此时，AT89C51 单片机的 P2.1 引脚输出的方波信号仿真波形如图 28-9 所示。

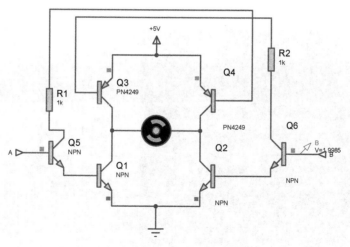

图 28-6 电动机正转仿真

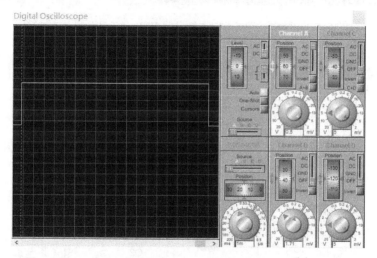

图 28-7 AT89C51 单片机的 P2.0 引脚输出的方波信号仿真波形

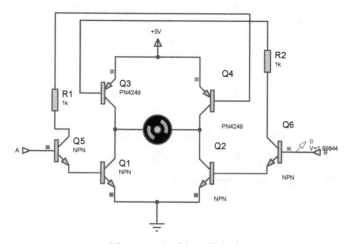

图 28-8 电动机反转仿真

225

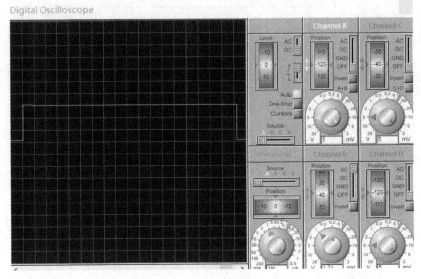

图 28-9　AT89C51 单片机的 P2.1 引脚输出的方波信号仿真波形

当按下 K2 按键时，直流电动机停止，如图 28-10 所示。

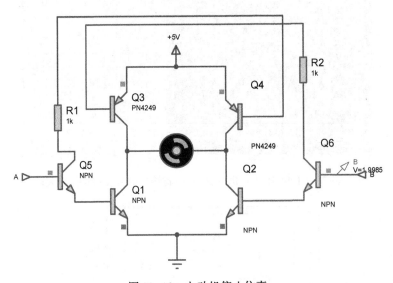

图 28-10　电动机停止仿真

当按下 K4 按键后，AT89C51 单片机的 P2.0 引脚输出的方波信号占空比发生变化，导致电动机转速发生变化，如图 28-11 所示。当方波信号占空比达到最大值时，再次按下 K4 按键后，返回最小值，如图 28-12 所示。

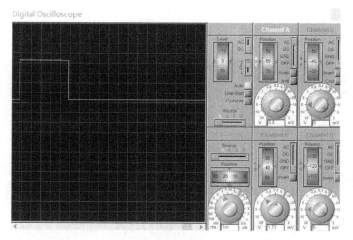

图 28-11　改变方波信号占空比仿真波形（一）

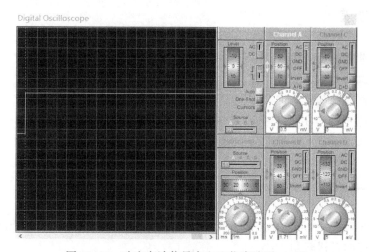

图 28-12　改变方波信号占空比仿真波形（二）

 思考与练习

H 桥模块如何改变电动机的转向？

答： 只有当 H 桥模块改变电动机的转向对角两个的三极管导通时，电动机才能转动；当 H 桥模块另外对角的两个三极管导通时，电动机转向发生变化。

 特别提醒

在连接电源时，不要将电源的正、负极接反。

227

项目 29　舵机驱动电路系统设计

设计任务

设计一个舵机驱动电路，以实现对舵机转角的控制。

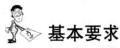

基本要求

☺ 控制信号电压为直流 5V。
☺ 舵机的工作电压为直流 12V。
☺ 能够控制舵机转角的变化。
☺ 通过 AT89C52 单片机产生一定频率和占空比的 PWM 信号。

总体思路

通过 AT89C52 单片机产生占空比可调的 PWM 信号。通过按键调节这个 PWM 信号脉冲宽度，从而控制舵机转角大小。

系统组成

整个舵机驱动电路系统主要分为以下 3 个模块。
☺ 控制信号模块。
☺ 单片机模块。
☺ 舵机模块。
舵机驱动电路系统框图如图 29-1 所示。

图 29-1　舵机驱动电路系统框图

电路原理图（见图 29-2）

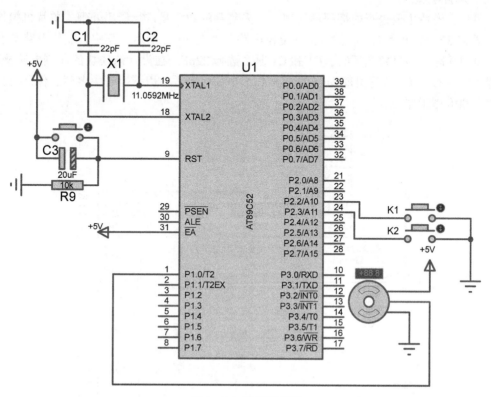

图 29-2　系统原理图

 模块详解

1. 控制信号电路

由于需要外部信号来控制舵机的转动和转向，所以这里设计了一个控制信号模块，如图 29-3 所示。

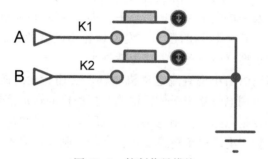

图 29-3　控制信号模块

在图 29-3 中，A、B 端分别接 AT89C52 单片机的 P2.2 和 P2.3 引脚。当按下 K1 按键时，舵机正转；当按下 K2 按键时，舵机反转。每次按下 K1/K2 按键后舵机就会旋转 41.2°。

2. 单片机模块

单片机模块主要进行内部程序处理，对采集到的数字量进行译码处理。单片机模块主要包括 AT89C52 单片机、时钟电路和复位电路，如图 29-4 所示。其中，复位电路具有上电复位的功能。当外接晶振时，C1 和 C1 通常选择 22pF。在设计该模块的印制电路板时，晶振和电容 C1、C2 应尽可能安装在 AT89C52 单片机附近，以减小寄生电容，保证时钟电路稳定和可靠工作。

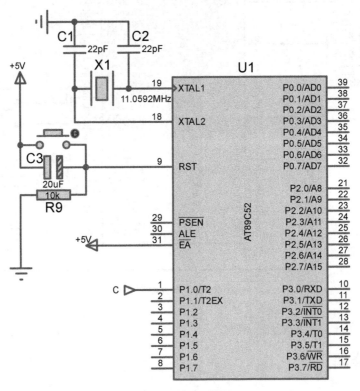

图 29-4　单片机模块

3. 舵机模块

舵机的结构如图 29-5 所示。一个舵机内部包括了一个小型直流电动机、一组变速齿轮组、一个可调电位器及一块电子控制板。其中，小型直流电动机提供了原始动力，带动变速（减速）齿轮组，以产生较高的扭力。变速齿轮组的变速比越大，小型直流电动机输出的扭力就越大，而小型直流电动机的转速就越小。

舵机内部的变速齿轮组由小型直流电动机驱动。变速齿轮组的终端（输出端）带动一个可调电位器。这个可调电位器用于位置检测，把舵机的转角信号转换为电压信号，并反馈给电子控制板上的控制电路。控制电路将该电压与输入的 PWM 信号比较，产生纠正脉冲信号，以驱动小型直流电动机正转或反转，令纠正脉冲信号趋于为 0，从而达到使舵机精确定位的目的。

230

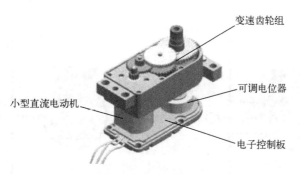

图 29-5　舵机的结构

　　舵机模块如图 29-6 所示。可以看出，舵机有 3 根引线：电源线、地线及控制线。电源线与地线为小型直流电动机及控制电路提供电源电压。电源电压通常介于 4 ～ 6V 之间。PWM 信号脉冲宽度与舵机转角的对应关系如表 29-1 所示。

表 29-1　PWM 信号脉冲宽度与舵机转角的对应关系

PWM 信号脉冲宽度 （周期为 20ms）	舵 机 转 角
0.5ms	-90°
1.0ms	-45°
1.5ms	0°
2.0ms	45°
2.5ms	90°

对航机模块进行以下仿真。

（1）舵机转角为 90° 的仿真如图 29-7 所示。

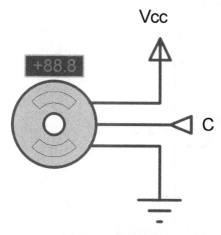

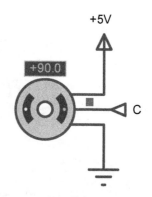

图 29-6　舵机模块　　　　图 29-7　舵机转角为 90° 的仿真

（2）舵机转角为 60.3° 的仿真如图 29-8 所示。

（3）舵机转角为 18.3° 的仿真如图 29-9 所示。

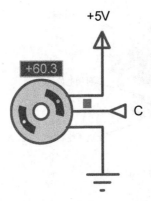

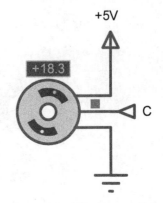

图 29-8　舵机转角为 60.3°的仿真　　　　图 29-9　舵机转角为 18.3°的仿真

（4）舵机转角为-22.9°的仿真如图 29-10 所示。

（5）舵机转角为-64.1°的仿真如图 29-11 所示。

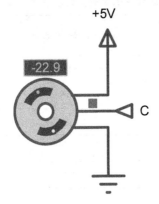

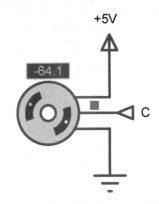

图 29-10　舵机转角为-22.9°的仿真　　　　图 29-11　舵机转角为-64.1°的仿真

（6）舵机转角为-90°的仿真如图 29-12 所示。

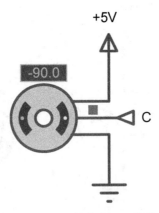

图 29-12　舵机转角为-90°的仿真

　　舵机的瞬时转速是由其内部的小型直流电动机和变速齿轮组配合决定的。航机在恒定电压驱动下，其转速是唯一的，但其平均转速可通过分段停顿的控制方式来改变。例如，可把舵机转角为 90°的转动细分为 128 个停顿点，通过控制每个停顿点的停顿时间长短控制舵机转角在 0°～ 90°变化过程中的平均转速。对于多数舵机来说，其转速单位为度数/秒（°/s）。

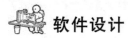 **软件设计**

本设计使用 AT89C52 单片机来实现控制功能，编写程序如下：

```c
#include <reg52. h>              //头文件
#define uchar unsigned char
#define uint   unsigned  int
uint b;
uint N = 0;
uint X = 8;
//初始转角值
ucharkey_up;
ucharkey_down;
sbit P2_2 = P2^2;
sbit P2_3 = P2^3;
sbit PWM = P1^0;              //PWM 信号输出
void get_key( void)              //按键扫描函数
{
  while( P2_2 = = 0)            //按键加计数标志
  {
    key_up = 1;
  }

  key_down = 1;
  }
}
void timer0( ) interrupt 1
//定时器 0 为工作方式 1
  {
  TH0 = 0xff;                   //重装计数初始值
  TL0 = 0x38;                   //重装计数初始值
  b++;
  get_key( );
  if ( key_up = = 1)
  {
   if( X!  = 15)
   {
   X = X+1;
```

233

```
            key_up = 0;
          }
      }
    if ( key_down = = 1 )
      {
        while( P2_3 = = 0 )         //按键减计数标志
        if( X! = 2 )                //判断是否计数到 0
          {
            X = X-1;
            key_down = 0;
          }
      }
  }
void main( )
  {
    TMOD = 0X01;                //定时器 0 中断
    TH0 = 0xff;                 //重装计数初始值
    TL0 = 0x38;                 //重装计数初始值
    EA = 1;                     //开 CPU 中断
    ET0 = 1;
    TR0 = 1;
    while( 1 )                  //无限循环
      {
        PWM = 1;
        while( 1 )
          {
            b = 0;
            while( ! b );
            if ( N = = X )
            PWM = 0;
            if ( N = = 100 )
            break;
            N++;
          }
        N = 0;
      }
  }
```

 调试与仿真

对所设计的舵机驱动电路系统进行仿真，如图 29-14 所示。从仿真结果来看，该系统满足仿真要求。

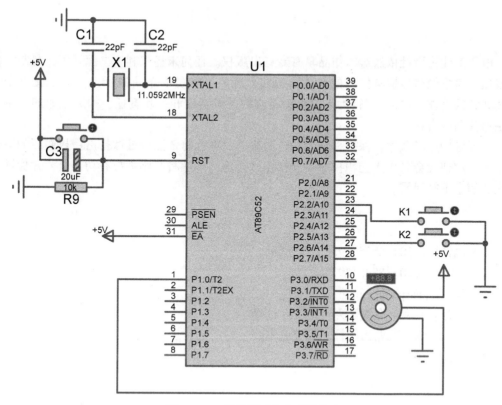

图 29-14　舵机驱动电路系统仿真

 思考与练习

（1）舵机是一个精确定位器件吗？

答：普通舵机不是一个精确定位器件。在相同控制信号作用下，不同的舵机通常会存在±10°的偏差。

（2）舵机有几根引线？这几根引线的作用是什么？

答：舵机有 3 根引线。其中，第 1 根引线是控制线，接到控制电路上；第 2 根引线是电源线，一般接 5V 电源；第 3 根引线是地线。

 特别提醒

（1）除非使用的是数码式舵机，否则普通舵机转角只是一个近似值。

（2）输入舵机的 PWM 信号脉冲宽度不要小于 1ms 及大于 2ms。实际上，最初舵机转角只是在−45°～ 45°的范围内，舵机转角若超出此范围，PWM 信号脉冲宽度与舵机转角之间的线性关系就会变差。

235

反侵权盗版声明

电子工业出版社依法对本作品享有专有出版权。任何未经权利人书面许可，复制、销售或通过信息网络传播本作品的行为；歪曲、篡改、剽窃本作品的行为，均违反《中华人民共和国著作权法》，其行为人应承担相应的民事责任和行政责任，构成犯罪的，将被依法追究刑事责任。

为了维护市场秩序，保护权利人的合法权益，本社将依法查处和打击侵权盗版的单位和个人。欢迎社会各界人士积极举报侵权盗版行为，本社将奖励举报有功人员，并保证举报人的信息不被泄露。

举报电话：(010) 88254396；88258888

传　　真：(010) 88254397

E-mail：dbqq@phei.com.cn

通信地址：北京市海淀区万寿路 173 信箱
　　　　　电子工业出版社总编办公室

邮　　编：100036